科技历史跟踪

台运真 编著　丛书主编 周丽霞

# 天文：从望星空到登天

汕头大学出版社

## 图书在版编目（CIP）数据

天文：从望星空到登天 / 台运真编著. -- 汕头：
汕头大学出版社，2015.3（2020.1重印）
（学科学魅力大探索 / 周丽霞主编）
ISBN 978-7-5658-1713-7

Ⅰ．①天… Ⅱ．①台… Ⅲ．①天文学—青少年读物
Ⅳ．①P1-49

中国版本图书馆CIP数据核字（2015）第028166号

**天文：从望星空到登天** TIANWEN: CONG WANGXINGKONG DAO DENGTIAN

编　　著：台运真
丛书主编：周丽霞
责任编辑：胡开祥
封面设计：大华文苑
责任技编：黄东生
出版发行：汕头大学出版社
　　　　　广东省汕头市大学路243号汕头大学校园内　邮政编码：515063
电　　话：0754-82904613
印　　刷：三河市燕春印务有限公司
开　　本：700mm×1000mm　1/16
印　　张：7
字　　数：50千字
版　　次：2015年3月第1版
印　　次：2020年1月第2次印刷
定　　价：29.80元
ISBN 978-7-5658-1713-7

# 前言

　　科学是人类进步的第一推动力，而科学知识的学习则是实现这一推动的必由之路。在新的时代，社会的进步、科技的发展、人们生活水平的不断提高，为我们青少年的科学素质培养提供了新的契机。抓住这个契机，大力推广科学知识，传播科学精神，提高青少年的科学水平，是我们全社会的重要课题。

　　科学教育与学习，能够让广大青少年树立这样一个牢固的信念：科学总是在寻求、发现和了解世界的新现象，研究和掌握新规律，它是创造性的，它又是在不懈地追求真理，需要我们不断地努力探索。在未知的及已知的领域重新发现，才能创造崭新的天地，才能不断推进人类文明向前发展，才能从必然王国走向自由王国。

　　但是，我们生存世界的奥秘，几乎是无穷无尽，从太空到地球，从宇宙到海洋，真是无奇不有，怪事迭起，奥妙无穷，神秘莫测，许许多多的难解之谜简直不可思议，使我们对自己的生命现象和生存环境捉摸不透。破解这些谜团，有助于我们人类社会向更高层次不断迈进。

其实，宇宙世界的丰富多彩与无限魅力就在于那许许多多的难解之谜，使我们不得不密切关注和发出疑问。我们总是不断去认识它、探索它。虽然今天科学技术的发展日新月异，达到了很高程度，但对于那些奥秘还是难以圆满解答。尽管经过许许多多科学先驱不断奋斗，一个个奥秘不断解开，并推进了科学技术大发展，但随之又发现了许多新的奥秘，又不得不向新的问题发起挑战。

宇宙世界是无限的，科学探索也是无限的，我们只有不断拓展更加广阔的生存空间，破解更多奥秘现象，才能使之造福于我们人类，人类社会才能不断获得发展。

为了普及科学知识，激励广大青少年认识和探索宇宙世界的无穷奥妙，根据最新研究成果，特别编辑了这套《学科学魅力大探索》，主要包括真相研究、破译密码、科学成果、科技历史、地理发现等内容，具有很强系统性、科学性、可读性和新奇性。

本套作品知识全面、内容精炼、图文并茂，形象生动，能够培养我们的科学兴趣和爱好，达到普及科学知识的目的，具有很强的可读性、启发性和知识性，是我们广大青少年读者了解科技、增长知识、开阔视野、提高素质、激发探索和启迪智慧的良好科普读物。

# 目 录

# 古代天文学的发展

　　天文最开始是在古代祭祀里出现的。古代尤其是上古时期，科学不发达，人们对大自然没有足够的了解，绝大部分的人认为是有超自然的力量存在的，所以出现了神灵崇拜，天文学就是在这样的背景下出现的。

　　在长期的发展过程中，我国古代天文学屡有革新的优良历法、令人惊羡的发明创造和卓有见识的宇宙观等，在世界天文学发展史上，无不占据重要的地位。

　　任何一个民族，在其历史发展的最初阶段，都要经历物候授时过程。也许在文字产生以前，我们的祖先就知道利用植物的生长和动物的行踪情况来判断季节，这是早期农业生产所必备的知识。

物候虽然与太阳运动有关，但由于气候的变幻莫测，不同年份相同的物候特征常常错位几天或者10多天，比后来的观象授时要粗糙多了。

《尚书·尧典》描述：

远古的人们以日出正东和初昏时鸟星位于南方子午线标志仲春，以太阳最高和初昏时大火位于南方子午线标志仲夏，以日落正西和初昏时虚星位于南方子午线标志仲秋，以太阳最低和初昏时昴星位于南方子午线标志仲冬。

物候授时与观象授时都属于被动授时，当人们对天文规律有更多的了解，尤其是掌握了回归年长度以后，就能够预先推断季节，历法便应运而生了。

春秋战国时期，流行过黄帝、颛顼、夏、商、周、鲁等六种历法。这些历法是当时各诸侯国借用颁布的历法，它们的回归年长度都是365日，但历元不同，岁首有异。

在春秋战国的500多年间，政权更迭频繁，星占家们各事其主，大行其道，引起了王侯对恒星观测的重视。我国古代天文学从而形成了历法和天文两条主线。

西汉至五代时期是我国古代天文学的发展、完善时期。从西汉时期的《太初历》至唐代的《符天历》，我国历法在编排日历以外，又增添了节气、朔望、置闰、交食和计时等多项专门内容，体系愈加完善，数据愈加精密，并不断发明新的观测手段和计算方法。

比如，十六国时期后秦学者姜岌，以月食位置准确地推算太阳位置；隋代天文学家刘焯在《皇极历》中，用等间距二次差内插法来处理日、月运动的不均匀性；唐代天文学家僧一行的《大

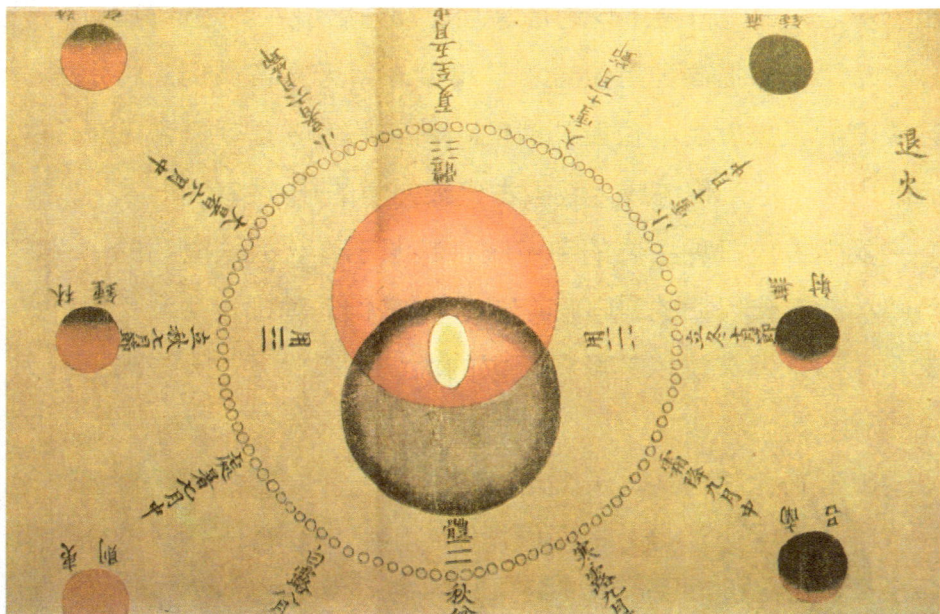

衍历》，显示了我国古代历法已完全成熟，它记载在《新唐书·历志》，按内容分为7篇，其结构被后世历法所效仿。

继西汉时期民间天文学家落下闳研究成果以后，浑仪的功能随着环的增加而增加，至唐代天文学家李淳风研究时，已能用一架浑仪同时测出天体的赤道坐标、黄道坐标和白道坐标。

天文仪器是测定历法所需数据和检验历法优劣的工具，它的改良也促进了天文观测的进步。岁差和日月行星不均匀性等发现都先后引入历法计算。

除了不断提高恒星位置测量精度外，天文官员们还特别留心记录奇异天象发生的位置和时间，其实后者才是朝廷帝王更为关心的内容。这个传统成为我国古代天文学的一大特色。

我国古代三种主要的宇宙观，起源于春秋战国时期的"百家争鸣"。秦代以后的1000多年中，在它们的基础上又派生出许多支系，后来浑天说以其解释天象的优势，取代了盖天说而上升为主导观念。

魏晋南北朝时期，天文学仍有所发展。卓越的科学家祖冲之完成的《大明历》是一部精确度很高的历法，如它计算的每个交点月日数已经接近现代观测结果。

隋唐时期，又重新编订历法，并对恒星位置进行重新测定。天文学家僧一行、南宫说等天文学家进行了世界上最早对子午线长度的实测。人们根据天文观测结果，绘制了一幅幅星图，反映了我国古代在星象观测上的高超水平。

宋代和元代为我国天文学发展的鼎盛时期。这期间颁行的历法最多，数据最精；同时，大型仪器最多，对恒星观测也最勤。

宋元时期颁行的历法达25部。它们各有特色，其中元代天文学家郭守敬等人编制的《授时历》性能最优，连续使用了360年，达到我国古代历法的巅峰。

这些历法的数据已经越来越趋于精准。许多历法的回归年长度和朔望月值已与现代理论值相差无几，在世界处于领先地位。

这一时期出现了大型天文仪器。宋代拥有水运仪象台和四座大型浑仪，元代郭守敬还创制了简仪和高表。其中宋代天文学家、天文机械制造家苏颂的水运仪象台，集观测、演示、报时于一身，是当时世界上最优秀的天文仪器。

在恒星观测方面，这一

时期的天文学家表现出高度热情，先后组织了5次大型恒星位置测量，平均不到20年进行一次大规模的恒星观测。

明清时期，在引进西方天文历法知识的基础上，我国古代传统天文历法得到了新的发展，取得了不少新的成就。

明代科学家徐光启组织明代"历局"工作人员编制了完备的恒星图，并采用新的测算法，更精密地预测日食和月食；他主持编译的《崇祯历书》是我国天文历法中的宝贵遗产。

明末清初历算学家王锡阐著有《晓庵新法》等10多种天文学著作，促进了我国古代历算学的发展。他精通中西历法，首创日月食的初亏和复圆方位角的计算方法；其计算昼夜长短和月亮、行星的视直径等方法，有许多和现在球面天文学中的方法完全相同；所创金星凌日的计算方法，达到十分精确的程度，在当时世界上也是独一无二的。

梅文鼎是清初著名的天文学家、数学家，为清代"历算第一名家"和"开山之祖"。他的《古今历法通考》一书是我国第一部历学史。

这一时期，天文知识的发展在航海中得到广泛应用，这是由明代前期郑和船队7次下西洋的伟大航行所促成的。

在《郑和航海图》中，从苏门答腊往西途中所经过的地点，共有64处当地所见北辰星和华盖星地平高度的记录，这是航海中利用了天文定位法的明证。

在《郑和航海图》中，还有四幅附图，称为"过洋牵星图"，它以图示的方法标出船位经印度洋某些地区时所见若干星辰的方位和高度角，这就更具体和形象地表明当时人们由测量星辰的地平坐标以确定船位的天文方法。

类似的记录，还见于清代初期的《顺风相送》一书，说明天文定位法在明清时期得到了广泛的应用，它与利用指南针针经法相参照，是为这时航海定位的两大方法。

在《顺风相送》中，还有关于观测太阳出没以确定方向的方法，它是以歌诀的形式表达的，是民间的比较通用的一种天文导航法。

　　用来观测星辰方位角的仪器大约是指南针，而观测星辰的高度角的仪器叫"牵星板"。通过牵星板测量星体高度，可以找到船舶在海上的位置。

## 延 伸 阅 读

　　郑和船队在航海中，使用了"过洋牵星"的航海术。使用时，观测者左手执牵星板一端向前伸直，使牵星板与海平面垂直，让板的下缘与海平面重合，上缘对着所观测的星辰，这样便能量出星体离海平面的高度。

# 古代天文学的思想成就

　　天文学思想是对天文学家的思维逻辑和研究方法长期起主导作用的一种意识。我国古代天文学思想，同儒家思想，以及与之互相渗透的佛教、道教思想都有着密切的联系。

　　我国古代天文学思想成就，体现在星占术的理论和方法、独特的赤道坐标系统、宇宙结构的探讨、阴阳五行学说与天文历法的关系、干支理论等方面，从而形成了具有鲜明特色的我国古代天文学思想体系。

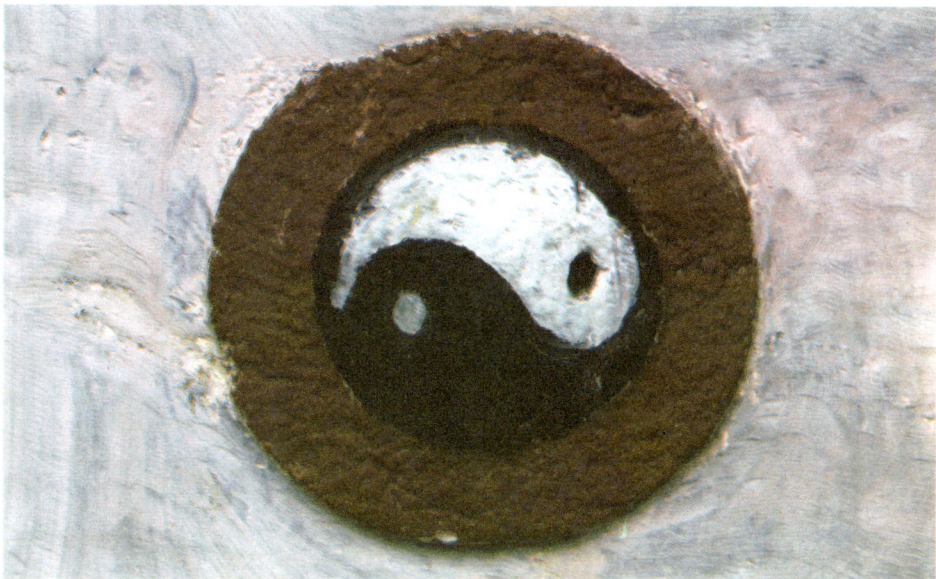

我国古代星占涉及日占和月占、行星占、恒星占、彗星占，以及天文分野占。它们一同构成了我国古代星占理论，在我国古代社会有着重要的影响。

我国星占术有三大理论支柱，这就是天人感应论、阴阳五行说和分野说。

天人感应论认为天象与人事密切相关，正如《易经》所谓"天垂象，见吉凶"，"观乎天文以察时变"。

阴阳五行说把阴阳和五行两类朴素自然观与天象变化同"天命论"联系起来，以为天象的变化乃阴阳作用而生，王朝更替相应于五德循环。

分野说是将天区与地域建立联系，发生于某一天区的天象对应于某一地域的事变。

这些理论和方法的建立，决定了我国星占术的政治地位和宫廷星占性质，也造就了我国古代天文学的官办性质，从而有巨大的财力和物力保证，促使天象观察和天文仪器研制得以发展。

在具有原始意味的天神崇拜和唯心主义的星占术流行的时代，甚至在占主导地位的时候，反天命论的一些唯物主义思想也在发展。

不少思想家提出了反天命、反天人感应的观点，指导人们探求天体本身的规律，研讨与神无关的客观的宇宙。那些美丽的神话传说，如"开天辟地""后羿射日""嫦娥奔月"等，都反映了人们力图征服自然、改造自然的向往和追求。

日月星占是我国古代比较典型的星占，它们所涉及的范围很广。例如，太阳上出现黑子、日珥、日晕，太阳无光，二日重见等。

另外，古人对日食的发生也很重视，天文学家都在受命进行

严密监视。日食出现的方位、在星空中的位置、食分的大小和日全食发生后周围的状况，都是人们所关注的大事。

《晋书·天文志》在记载日食与人间社会的关系时，认为食即有凶，常常是臣下纵权篡逆，兵革水旱的应兆。

古人认为，既然发生了日食，这便是凶险不祥的征兆，天子和大臣不能眼看着人们受灾殃，国家破败，故想出各种补救的措施，以便回转天心。天子要思过修德，大臣们要进行禳救活动。

《乙巳占》记载的禳救办法是这样的：当发生日食的时候，天子穿着素色的衣服，避居在偏殿里面，内外严格戒严。皇家的天文官员则在天文台上密切地监视太阳的变化。

当看到了日食时，众人便敲鼓驱逐阴气。听到鼓声的大臣们，都裹着赤色的头巾，身佩宝剑，用以帮助阳气，使太阳恢复光明。有些较开明的皇帝还颁罪己诏，以表示思过修德。

月占的情况与日占大同小异，由于月食经常可以看到，故后人就较少加以重视了。不过，月食发生时，占星家比较看重月食发生在恒星间的方位，关注其分野所发生的变化。

行星占又称为"五星占"。五星的星占在所有的星占中占有极重要的位置。除掉日月以外，在太阳系内人们用肉眼所见能做有规律的周期运动的，就只有五大行星。自春秋战国至明代，五星一直是占星家重要的占卜对象。

由于我国古代五行思想十分流行，五星也就自然地与五行观念相附会，连五颗星的名字也与五行的名称一致。

行星占包括的范围极广，有行星的位置推算和预报，有行星的凌犯观测，有行星的颜色、大小、光芒、顺逆等的观测。

古人以为，五大行星各有各的特性，它们在天空的出现，各预示着一种社会治乱的情况。

例如：木星为兴旺的星，故木星运行至某国所对应的方位该国就会得到天助，外人不能去征伐它，如果征伐它，必遭失败之祸；火星为贼星，它的出现，象征着动乱、贼盗、病丧、饥饿

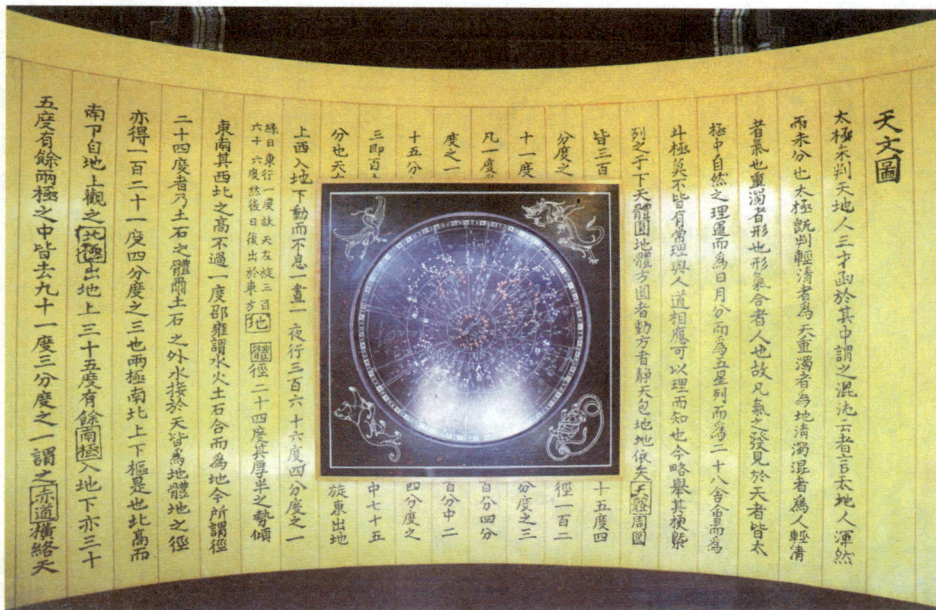

等，故火星运行到某国所对应的方位，该国人民就要遭灾殃。

金星是兵马的象征，它所居之国象征着兵灾、人民流散和改朝换代；水星是杀伐之星，它所居之国必有杀伐战斗发生；土星是吉祥之星，它所居之国必有所收获。

恒星也有独立的占法，大致可分为二十八宿占和中官占、外官占。占星家不停地对各种星座进行细致的观察，观看其有无变动。一有动向，便预示着人间社会的一种变化。

占星家认为，尾星是主水的，又是主君臣的，当尾星明亮时，皇帝就有喜事，五谷丰收，不明时，皇帝就有忧虑，五谷歉收。如果尾星摇动，就会出现君臣不和的现象。

又如，天狼星的颜色发生变化，说明天下的盗贼多。南方的老人星出现了，就是天下太平的象征，看不到老人星，就有可能出现兵乱。

在我国古代的星占理论中，彗星的出现，差不多均被看作灾难的象征。

天文分野占也是古代星占理论的一部分。我国古代占星家为了用天象变化来占卜人间的吉凶祸福，将天上星空区域与地上的国州互相对应，称作"分野"。

我国古代占星术认为，地上各周郡邦国和天上一定地下動而不息一晝一夜行三百六十六度四　度行一度故天左旋三百　度然後日復出於東方地體徑二十四度其厚　下天體圓地體方圓者動方者靜天包地地依天　不皆有常理與人道相應可以理而知也今略

的区域相对应，在该天区发生的天象预兆对应地方的吉凶。这种天区与地域对应的法则，便是分野理论。

有关分野的观念，起源很早。《周礼·春官·宗伯》就有"以星土辨九州之地"，以观"天下之妖祥"的记载，已经开始将天上不同的星宿与地上不同的州县和国家一一对应起来了。

天上的分区，大致是以二十八宿配十二星次，地上则配以国家或地区。

古籍中天文地理分野的记载很多，比如在《汉书·地理志》中，记载春秋战国时期天文地理分野是：魏地，觜、参之分野；周地，柳、七星、张之分野；韩地，角、亢、氐之分野；赵地，昴毕之分野；燕地，尾、箕分野；齐地，虚、危之分野；宋地，房心之分野；卫地，营室、东壁之分野；楚地，翼、轸之分野；吴地，斗分野；粤地，牵牛、婺女之分野。

事实上，天地对应关系的分组，并没有一个固定的模式。比如《史记·天官书》中对恒星分野只列出8个国家，除地域与恒星对应外，还记载了五星与国家的对应关系。

在天与地的对应关系建立以后，占星就有了一个基础。这样，当天上某个区域或星宿出现异常天象时，它所反映出的火灾、水灾、兵灾、瘟疫等，就有一个相应的地域可以预言。

世界上不同的民族、不同的国家，都选用不同的方法去认识天空现象。这不同的方法认识的结果，就产生了世界学术界里大家公认的三种天球坐标系，即我国的赤道坐标系统，阿拉伯的地平坐标系统，希腊的黄道坐标系统。

三种天球坐标系与生俱来的差异，决定了它们在实地观测中空间取向上的差异。这种差异体现出赤道坐标系的独特性，同时也是我国古代天文学的独特性。

我国古代天文学的赤道坐标系，用于对整个天地的划分，赤经、赤纬是不变的，依据天极、赤道划分的南北东西也是固定的。它不同于阿拉伯系统所使用的那种地平坐标系，因为它是以观测者为中心来确定天顶和天底，地平经度与地平纬度随观测者所在地

张衡（公元78—139年）

不同而不同，依据天顶、天底、地平圈划分的南北东西也是随之变化的。

赤道坐标系以天极为中心来划分东南西北4个方位，是将整圈赤道等分为4等；以天顶为中心来划分东南西北4个方位，划分的是以观测者为中心的东南西北4个方位。

比如殷商时主要活动地域是河南一带，如果以被古人视为"地中"的阳城为中心来划分方位，划分的就是中华大地的东西南北中。

以依据赤道坐标系的十二辰而制订的"十二支"历法为例，如果将"十二支"认作"地平十二支"，就会在地平坐标系内探询十二支的空间取向。比如以阳城为中心来划分12个方位，在中华大地的东、西、南、北、中地域探询十二支的时空依据。

中华大地的东、西、南、北、中是无法圆出360度的，只有赤道坐标系所界定的整个天地的十二时辰才是十二支的真正归宿。

现今天文学中以英国格林尼治本初子午线为基准的一天24小时划分，与我国古代历法的一天十二时辰直接对应；现代天文学的赤道大圆360度与我国古代天文学的二十八宿如出一辙。现代南北两个半球的划分是依据赤道一分为二。

这些都体现出现代天文学是对我国古代天文学赤道坐标系的承传，并证实了我国古代赤道坐标系是用于对整个天地的划分。

我国古代独特的赤道坐标系统的实在性和科学性，蕴涵着古代先哲们对时间、空间与物质世界科学认知的思想精华，对认识宇宙具有重大意义。

关于宇宙的结构，自古就引起人们的思考，因而也涌现了许多讨论天地结构的学说。其中最重要的就是形成于汉代的盖天说、浑天说和宣夜说。

盖天说是我国最古老的讨论天地结构的体系。早期的盖天说认为，天就像一个扣着的大锅覆盖着棋盘一样的大地。后来盖天家又主张，天像圆形的斗笠，地像扣着的盘子，两者都是中间高四周低的拱形。这种盖天说即能克服"天圆地方"说的缺点，也能解释很多天象。

浑天说在我国天文学史上占有重要的地位，对我国古代天文仪器的设计与制造产生了重大的影响。如浑仪和浑象的结构就和浑天说有着密切的联系，对天文学的有关理论问题的解释也产生了重大影响。

汉代科学家张衡在《浑天仪

注》一文中写道：

> 浑天如鸡子，天体圆如弹丸。地如鸡子中黄，孤居于
> 内，天大地小……天之包地如壳之裹黄。

意思是说，天就像一个鸡蛋，大地像其中的蛋黄，天包着地如同蛋壳包着蛋黄一样。这是对浑天说的经典论述之一。

盖天说和浑天说中的日月星辰都有一个可供附着的天壳，盖天说的附着在天盖上，浑天说的附着在像蛋壳一样的天球上，都不用担心会掉下来。

后来人们观测到日月星辰的运动各自不同，有的快，有的慢，有的甚至在一段时间中停滞不前，根本就不像附着在一个东

西上。所以就又产生了一种新的理论，这就是宣夜说。

宣夜说主张，天是无边无涯的气体，没有任何形质，我们之所以看天有一种苍苍然的感觉，是因为它离我们太深远了。日月星辰自然地飘浮在空气中，不需要任何依托，因此它们各自遵循自己的运动规律。

宣夜说打破了天的边界，为我们展示了一个无边无际的广阔的宇宙空间。

在恒星命名和天空区划方面，各种思想意识的影响就更加明显。古代星名中有一部分是生产生活用具和一些物质名词，如斗、箕、毕、杵、臼、斛、仑、廪、津、龟、鳖、鱼、狗、人、子、孙等，这可能是早期的产物。

大量的古星名是人间社会里各种官阶、人物、国家的名称，可能是随着奴隶制和封建制的建立和完善，以及诸侯割据的局面而逐渐形成的。

天空区划的三垣二十八宿，其二十八宿的名称与三垣名称显然是两种体系，它们所占天区的位置也不同。这都反映了不同的思想意识的影响。

　　在我国古代天文学思想中，应该提及的是古代天文学家探求原理的思想。我国古代科学家很早就努力探索天体运动的原理。

　　如沈括对不是每次朔都发生食的解释，郭守敬对日月运动追求三次差四次差的改正，明清时期学者对中西会通的研究，都体现了探求原理的思想。

　　在近代科学诞生之前，对于东西方古代天文学家来说，没有近代科学和万有引力定律的理论武装，要探求天体运动的原理都不会成功。但我国古代历法中，许多表格及计算方法都可以找到几何学上的解释。这一点足见我国古人的才智。

　　此外，我国古代天文学家对许多天象都有深刻的思考并力图予以解释。

战国末期楚国辞赋家屈原在《天问》中提出了天地如何起源，月亮为何圆缺，昼夜怎样形成等大量问题；盖天说和浑天说都努力设法解释昼夜、四季、天体周日和周年视运动的成因，对日月不均匀运动也曾以感召向背的理由给予解释。

尽管他们是不成功的或缺乏科学根据的，但不能因为不成功而否定他们的努力。探索原理的思想几千年来一直在指导我国古代科学家的工作。

我国古代的天文历法，就是在阴阳五行学说的协助下发展起来的。

我国古代有很多与"气"有关的概念，如节气、气候、气化、气势、气质、运气等。如果仔细分析这些概念就会发现，气是有属性的，在宇宙间没有无属性的中性的气存在。

气由阳气和阴气组成。后世将阴阳作为哲学概念应用得十分广泛，但追本求源，阴阳的观念最早只是起源于历法和季节的变化。

古人以为，气候的变化是由于阴阳二气的作用，阳气代表热，阴气代表冷。宇宙间阴阳二气相互作用，发生交替的变化，便反映在一年四季的变化上。

夏季炎热时，属于纯阳；冬季寒冷时，属于纯阴；阳气和阴气互为消长，春季阳气增长，阴气衰弱。

当阳气达到极盛时就是夏至，由此发生逆转，阴气渐升，阳气下降；当阴气达到极盛时就是冬至，这时再次发生逆转，阳气上升，阴气下降，完成了一个周期的交替变化。

五行是指木、火、土、金、水五种物质。在我国古代，人们对于五行的看法与后世哲学上的五行几乎完全不同。

古人认为，五行就是一年或一个收获季节中的五个时节。这一说法在上古文献中记载得很直接。

例如，《吕氏春秋》就把五行直接称为五气，也就是将一年分为五个时节之义。又如，《左传·昭公元年》记载：年"分为四时，序为五节"。而《管子·五行篇》则说："作立五行，以正天时，五官以正人位。"可见上古均是将五行解释成时节或节气。

古人用直观的五种物质的名称给五种太阳行星命名，就如以十二生肖给日期命名一样，符合古人朴素的思想观念。

五行之间的生克制化，同样具有天文学意义。五行相生，又叫"生数序五行"，其含义是后一个行是由前一个行生出来的，以至于逐个相生，形成一个循环系列，周而复始。五行相生是五行观念中使用最普遍、发展最成熟的一种排列方式。

按照《春秋繁露·五行之义》的说法，木是五行的开始，水是五行的终了，土是五行的中间。木生火，火生土，土生金，金生水，水又生木。木行居东方而主春气，火居南方而主夏气，金居西方而主秋气，水居北方而主冬气。所以木主生而金主杀，火主热而水主寒。

这是上古各类文献中，有关生数五行定义的通常说法，可见古人设立五行，开始时并不是为了解决哲学问题，而是借助5种物质的名称来作为一年中5个季节的名称。

木行就是一年中开始的第一个季节，相当于春季；火行为第二个季节，相当于夏季；土行为第三季，介于夏秋之间；金行为第四个季节，相当于秋季；水行为第五个季节，相当于冬季。

干支理论是我国古代思想家的一大杰出贡献，尽管当时对天体运行及其结构缺乏科学的了解，但已经在天文学、哲学领域有了相当深入的研究，并取得了后世无法企及的成就。

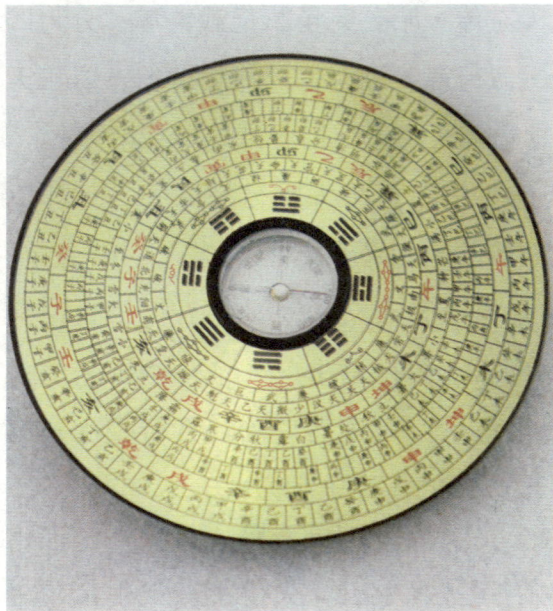

天干地支，简称"干支"，又称"干枝"。天干的数目有10位，它们的依次顺序是：甲、乙、丙、丁、戊、己、庚、辛、壬、癸。地支的数目有12位，它们的依次顺序是：子、丑、寅、卯、辰、巳、午、未、申、酉、戌、亥。天干地支在我国古代主要用于纪年、纪月、纪日和纪时等。

干支纪年萌芽于西汉

时期，始行于王莽，通行于东汉后期。公元85年，朝廷下令在全国推行干支纪年。

　　干支纪年，一个周期的第一年为"甲子"，第二年为"乙丑"，依此类推，60年一个周期；一个周期完毕后重复使用，周而复始，循环下去。

　　如1644年为农历甲申年，60年后的1704年同为农历甲申年，300年后的1944年仍为农历甲申年；1864年为农历甲子年，60年后的1924年同为农历甲子年；1865年为农历乙丑年，1925年和1985年同为农历乙丑年，以此类推。

　　干支纪年是以立春作为一年的开始，是为岁首，不是以农历正月初一作为一年的开始。干支纪月时，每个地支对应二十四节气自某节气至下一个节气，以交节时间决定起始的一个月期间，不是农历某月初一至月底。

　　若遇甲或乙的年份，正月大致是丙寅；遇上乙或庚之年，正月大致为戊寅；丙或辛之年正月大致为庚寅，丁或壬之年正月大致为壬寅，戊或癸之年正月大致为甲寅。

　　依照正月之干支，其余月份按干支推算。60个月合5年一个周期；一个周期完毕后重复使用，周而复始，循环下去。

　　干支纪日，60日大致合两个月一个周期；一个周期完毕后重复使用，周而复始，循环下去。

　　干支纪日比起记载某月某日，其优势是非常容易计算历史事件的日期间隔，以及是否有闰月存在。

　　由于农历每个月29日或30日不定，而且有没有闰月也不知道，因此，如果日期跨月，则计算将会非常困难。至于某月某日和干支的对应，则可以查万年历。

干支纪时，60时辰合5日一个周期；一个周期完毕后重复使用，周而复始，循环下去。

干支纪时必须注意的是，子时分为0时至1时的早子时，以及23时至24时的晚子时，所以遇到甲或乙之日，0时至1时是甲子时，但23时至24时是丙子时。晚子时又称"子夜"或"夜子"。

天干地支除了可以纪月、日、时外，在它的主要序数功能被一二三四等数字取代之后，人们仍然用它们作为一般的序数字。尤其是甲乙丙丁，不仅用于罗列分类的文章材料，还可以用于日常生活中对事物的评级与分类。

延 伸 阅 读

相传在远古时候，共工和颛顼争夺天下失败后，一气之下撞倒了不周山。不周山原是8根擎天柱之一，撞倒之后，西北方的天就塌了，东南方的地也陷了下去。于是，天上的日月星辰都滑向西北方，地上的流水泥沙都流向了东南方。这则神话生动地反映了古人对于天地结构的推测。

# 古代天象珍贵记录

　　天象是指古代对天空发生的各种自然现象的泛称。包括太阳出没、行星运动、日月变化、彗星、流星、流星雨、陨星、日食、月食、激光、新星、超新星、月掩星、太阳黑子等。

　　我国古代天象记录，是我国古代天文学留给我们的一份珍贵遗产。尤其是关于太阳黑子、彗星、流星雨和客星的记载，内容丰富，系统性强，在科学上显示出重要的价值，同时也反映了我国古

代天文学者勤于观察、精于记录的工作作风。

我们的祖先极其重视对天象的观察和记录，据《尚书·尧典》记载，帝尧曾经安排羲仲、羲叔、和仲、和叔恭谨地遵循上天的意旨行事，观察日月星辰的运行规律，了解掌握人们和鸟兽生活情况，根据季节变化安排相应事务。

尧推算岁时，制订历法，还创造性地提出设置"闰月"，来调整月份和季节。

从这里我们不难看出，在传说中的尧时已经有了专职的天文官，从事观象授时。史载尧生于公元前2214年，去世于公元前2097年，享年117岁。他为我国古代天文事业做出了重要贡献。

从尧帝时期开始，我国古代就勤于观察天象，勤于记录。在长期的观察中，古人对太阳黑子、彗星、流星雨、客星，以及天气气象的记载，为我们留下了宝贵的古代天文学遗产，使我们看到了古代的天空，也感受到古代的天气气象。

黑子，在太阳表面表现为发黑的区域，由于物质的激烈运动，经常处于变化之中。有的存在不到一天，有的可达一个月以上，个别长达半年。这种现象，我们祖先也都精心观察，并且反映在记录上。

现今世界公认的最早的黑子记事，是约成书于公元前140年的《淮南子·精神训》，其中有"日中有踆乌"的叙述。踆乌，也就是黑子的现象。

比《淮南子·精神训》的记载稍后的，还有《汉书·五行志》引西汉学者京房《易传》记载："公元前43年4月……日黑居仄，大如弹丸。"这表明太阳边侧有黑子成倾斜形状，大小和弹丸差不多。

太阳黑子不但有存在时间，也有消长过程中的不同形态。最初出现在太阳边缘的只是圆形黑点，随后逐渐增大，以致成为分裂开的两大黑子群，中间杂有无数小黑子。这种现象，也为古代观测者所注意到。

《宋史·天文志》记有："1112年4月辛卯，日中有黑子，乍二乍三，如栗大。"这一记载，就是属于极大黑子群的写照。

据统计，从汉代至明代的1600多年间，我国古籍中记载黑子的形状和消长过程为106次。

我国很早就有彗星记事，并给彗星以孛星、长星、蓬星等名称。彗星记录始见于《春秋》记载："613年7月，有星孛入于北斗。"这是世界上最早的一次关于哈雷彗星的记录。

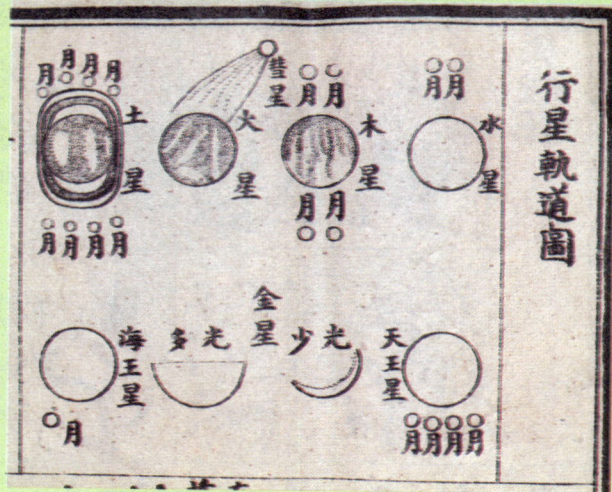

《史记·六国表》记载："秦厉共公十年彗星见。"秦厉共公十年就是周贞定王二年，也就是公元前467年。这是哈雷彗星的又一次出现。

哈雷彗星绕太阳运行平均周期是76年，出现的时候形态庞然，明亮易见。从春秋战国时期至清代末期的2000多年，共出现并记录的有31次。

其中以《汉书·五行志》，也就是公元前12年的记载最详细。书中以生动而又简洁的语言，把气势雄壮的彗星运行路线、视行快慢以及出现时间，描绘得详细完备。

其他的有关哈雷彗星出现的记录，也相当明晰精确，分见于历代天文志等史书。我国古代的彗星记事，并不限于哈雷彗星。据初步统计，截至1910年，有关彗星的记录不少于500次，这充分证明古人观测的辛勤。

我们祖先重视彗星，有些虽然不免于占卜，但是观测勤劳，记录不断，使后人得以查询。欧洲学者常常借助我国典籍来推算彗星的行径和周期，以探索它们的回归等问题。我国前人辛劳记录的功绩不可泯灭！

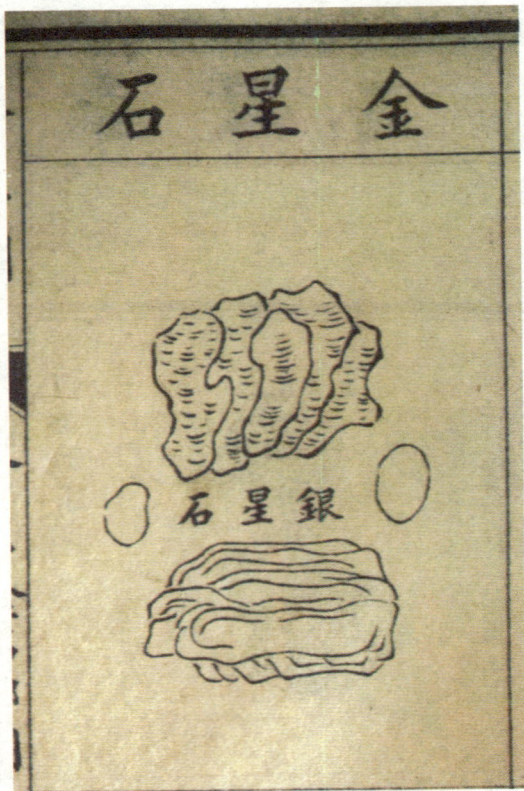

流星雨的发现和记载，也属我国最早，《竹书纪年》中就有"夏帝癸十五年，夜中星陨如雨"的记载。最详细的记录见于《左传》："鲁庄公七年夏四月辛卯夜，恒星不见，夜中星陨如雨。"鲁庄公七年是公元前687年，这是世界上天琴座流星雨的最早记录。

我国古代关于流星雨的记录，大约有180次之多。其中天琴座流星雨记录大约有9次，英仙座流星雨大约12次，狮子座流星雨记录有7次。这些记录，对于研究流星群轨道的演变，也将是重要的资料。

流星雨的出现，场面相当动人，我国古代记录也很精彩。

据《宋书·天文志》记载，南北朝时期刘宋孝武帝"大明五年……三月，月掩轩辕……有流星数千万，或长或短，或大或小，并西行，至晓而止。"这是在公元461年。当然，这里的所谓"数千万"并非确数，而是"为数极多"的泛称。

流星体坠落到地面便成为陨石或陨铁，这一事实，我国也有记载。《史记·天官书》中就有"星陨至地，则石也"的解释。至北宋时期，沈括更发现以铁为主要成分的陨石，其"色如铁，重亦如之"。

在我国，现在保存的最古年代的陨铁是四川省隆川陨铁，大

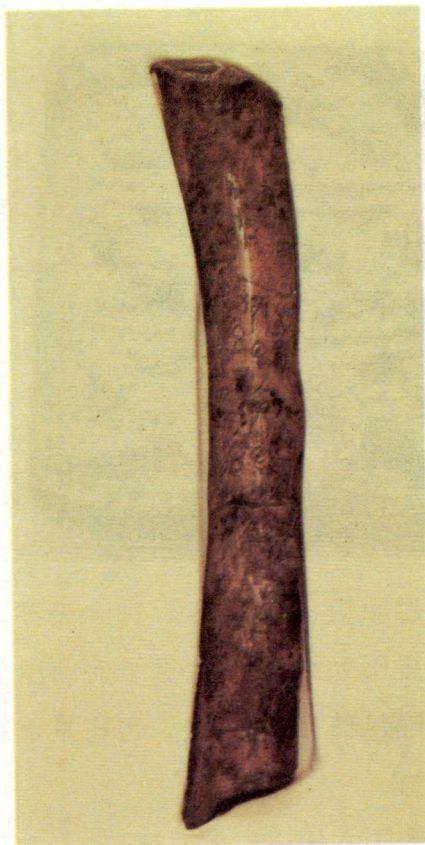

约是在明代陨落的，1716年掘出，重58.5千克，现在保存在成都地质学院。

有些星原来很暗弱，多数是人眼所看不见的。但是在某个时候它的亮度突然增强几千至几百万倍，叫作"新星"；有的增强到一亿至几亿倍，叫作"超新星"。以后慢慢减弱，在几年或10多年后才恢复原来亮度，好像是在星空做客似的，因此给以"客星"的名字。

在我国古代，彗星也偶尔列为客星；但是对客星记录进行分析整理之后发现，凡称"客星"的，绝大多数是指新星和超新星。

我国殷代甲骨文中，就有新星的记载。见于典籍的系统记录是从汉代才开始的。《汉书·天文志》中就有："元光元年六月，客星见于房。"房就是二十八宿里面的房宿，相当于现在天蝎星座的头部。汉武帝元光元年是公元前134年，这是中外历史上都有记录的第一颗新星。

自殷代至1700年为止，我国共记录了大约90颗新星和超新星。其中最引人注意的是1054年出现在金牛座天关星附近的超新星，两年以后变暗。

1572年出现在仙后座的超新星，最亮的时候在当时的中午肉眼都可以看见。

《明实录》记载：

> 隆庆六年十月初三日丙辰，客星见东北方，如弹丸……历十九日壬申夜，其星赤黄色，大如盏，光芒四出……十月以来，客星当日而见。

我国的这个记录，当时在世界上处于领先水平。

我国历代古籍中还有天气、气象的记载。夏代已经推断出春分、秋分、夏至、冬至。东夷石刻连云港将军崖岩画中有与社石相关的正南北线。商代关注不同天气的不同现象。甲骨文中有关于风、云、虹、雨、雪、雷等天气现象的记载和描述。

西周时期用土圭定方位，并且知道各种气象状况反常与否，是否会对农牧业生产造成影响。《诗经·幽风·七月》，记载了天气和气候谚语，有关于物候的现象和知识；《夏小正》是我国最早的物候学著作。春秋时期，秦国医学家医和开始将天气因素看作疾病的外因；曾参用阴阳学说解释风、雷、雾、雨、露、霰等天气现象的成因。

《春秋》将天气反常列入史事记载；《孙子兵法》将天时列为影响军事胜负的5个重要因素

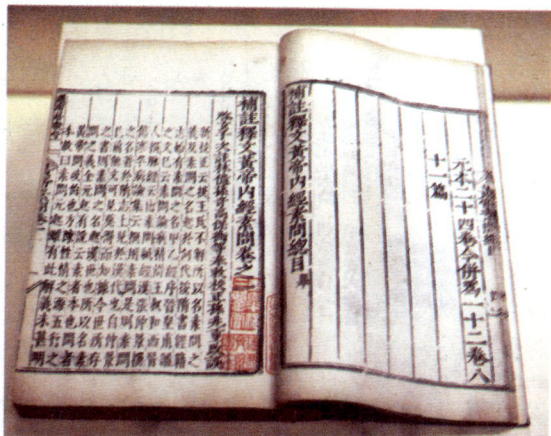

之一；《易经·说卦传》指出"天地水火风雷山泽"八卦代表自然物。

战国时期，重视气象条件在作战中的运用。庄周提出风的形成来自于空气流动的影响，并提到日光和风可以使水蒸发。《黄帝内经·素问》详细说明了气候、季节等与养生和疾病治疗间的关系。

秦代形成相关的法律制度，各地必须向朝廷汇报雨情，以及受雨泽或遭遇气象灾害的天地面积。《吕氏春秋》将云分为"山云、水云、旱云、雨云"四大类。

汉代列出了与现代名称相同的二十四节气名，并且出现了测定风向及其他天气情况的仪器。西汉时期著名的唯心主义哲学家和今文经学大师董仲舒指出了雨滴的大小疏密与风的吹碰程度有关。

东汉哲学家王充的《论衡》，指出雷电的形成与太阳热力、季节有关，雷为爆炸所起；东汉学者应劭的《风俗通义》，提出梅雨、信风等名称。三国时期，进一步掌握了节气与太阳运行的关系。数学家赵君卿注的《周髀算经》，介绍了"七衡六间图"，从理论上说明了二十四节气与太阳运行的关系。

两晋时期，"相风木鸟"及测定风向的仪器盛行。东晋哲学家姜芨指出贴近地面的浮动的云气在星体上升时，能使星间视距变小，并使晨夕日色发红。晋代名人周处的《风土记》提出梅雨概念。南北朝时不仅了解了气候对农业生产的影响，还开始探索利用不同的气候条件促进农业生产。

北魏贾思勰的《齐民要术》，充分探讨了气象对农业的影响，并提出了用熏烟防霜及用积雪杀虫保墒的办法；北魏《正光历》，将七十二气候列入历书；南朝梁宗懔《荆楚岁时记》，提出冬季"九九"为一年里最冷的时期。

隋唐及五代时期，医学家王冰根据地域对我国的气候进行了区域划分，这是世界上最早提出气温水平梯度概念的。隋代著作郎杜台卿的《玉烛宝典》，摘录了隋以前各书所载节气、政令、农事、风土、典故等，保存了不少农业气象佚文；唐代天文学家李淳风的《乙巳占》，记载测风仪的构造、安装及用法。

宋代对于气象的认识更为丰富和详细，在雨雪的预测及测算方面更为精确。北宋地理学家沈括的《梦溪笔谈》，涉及有关气象的如峨眉宝光、闪电、雷斧、虹、登洲海市、羊角旋风、竹化石、瓦霜作画、雹之形状、行舟之法、垂直气候带、天气预报等；南宋绍兴酒秦九韶的《数书九章》，列有4道测雨雪的算式，说明如何测算平地雨雪的深度。

明代工部尚书熊明遇的《格致草》，根据西洋科学原理，辨析了自然界变化与历史上所载的灾异及风、云、雷、雨诸气象现象之间的关系，他所设计的"日火下降、气上升图"，系统地说明对流性天气的形成。

清代译著《测候丛谈》，采用"日心说"，全面介绍了太阳

辐射使地面变热以及海风、陆风、台风、哈得来环流、大气潮、霜、露、云、雾、雨、雪、雹、雷、平均值及年、日较差计算法、大气光象等大气现象和气象学理论。

岁月推移，天象更迭。我们祖先辛勤劳动，留下宝贵的天象记录，无一不反映出先人孜孜不倦、勤于观测的严谨态度，无一不闪烁着我们民族智慧的光辉。这些，是我国古代丰富的文化宝库中的一份珍贵遗产，对今后更深刻地探索宇宙规律，都将起到应有的作用。

## 延 伸 阅 读

《尚书·尧典》上说，尧派羲仲住在东方海滨叫"旸谷"的地方观察日出，派和仲住在西方叫"昧谷"的地方观察日落，派和叔观察太阳由南向北移动。春分、秋分、夏至和冬至确定以后，尧决定以366日为一年，每3年置一闰月，用闰月调整历法和四季的关系，使每年的农时正确，不出差误。

# 显示群星的星表星图

　　我国古代取得了大量天体测量成果，为后人留下了很多珍贵的星图、星表。星表是把测量出的恒星的坐标加以汇编而成的。星图是天文学家观测星辰的形象记录，它真实地反映了一定时期内，天文学家在天体测量方面所取得的成果。同时，它又是天文工作者认星和测星的重要工具，其作用犹如地理学中的地图。

　　我国星表的测绘起源较早。

　　战国时代，魏人石申编写了《天文》一书共8卷，后人称之为《石氏星经》。

　　虽然它至宋代以后失传了，但我们今天仍然能从唐代的天文著作《开元占经》中见到它的一些片断，并可以从中整理出一份石氏星表来，其中有二十八宿距星和115颗恒星的赤道坐标位置。这是世界上最古老的星

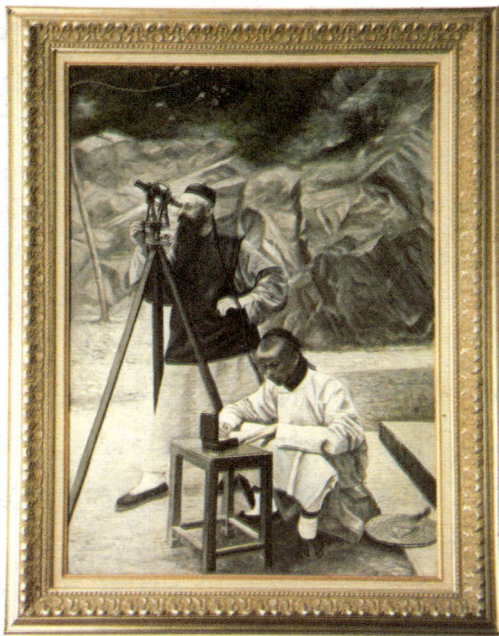

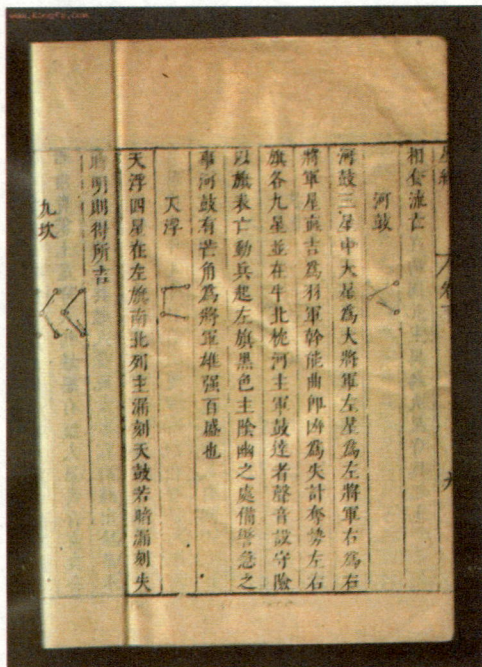

表之一。考古工作者于1977年在安徽省阜阳发掘了一个西汉早期墓葬，出土了一件二十八宿圆盘，上面刻有二十八宿距度。这些距度数据与《开元占经》所引的"古度"相同。

此外，从湖南省长沙马王堆汉墓中出土的《五星占》，记载了公元前3世纪的行星运行资料，表明那时已有测角工具，在石氏的时代有可能对恒星做出坐标位置的测量。

宋代观测星表资料保存在北宋政治家王安礼的《灵台秘苑》和宋元之际历史学家马端临的《文献通考·象纬考》中。两书中记载的星表有星360颗，现代星名认证的是345颗。这份星表的精度大约半度，测定年代为1052年。

元代天文学家郭守敬等人也曾完成过星表的测制，保存在明代《三垣列舍入宿去极集》中。

这是一部星图和星表合为一体的著作，在星图上某星的旁边注明该星的入宿度和去极度，总计有星官267座，1375星，给出坐标的星739颗，所以这既是一个全天星图，又是一份全天星表。

明代朝廷曾命译西域天文书4卷，保存在《明译天文书》中。

书中首次介绍了星等的概念，这是西方从托勒玫以来就一直流传的观点。《明译天文书》中有30颗星的星等和黄经值，是波斯天文学家阔识牙尔原作。

明代的另一份星表在明代天文学家贝琳所著的《七政推步》一书中。这是一本介绍阿拉伯天文学的书，写成于1477年。

其中的星表有星277颗，给出星等和黄经、黄纬，并且首次做了中西星名对照，这对后来我国人学习欧洲天文知识很有帮助。该星表的数据可能是元代上都天文台的阿拉伯学者所测。

除了全天星表之外，二十八宿星表是我国天文史上较丰富的一个内容，它包括二十八宿的距星数据，主要是距度和去极度。距度是距星之间的赤经差，去极度是赤纬的余角。

由于岁差的关系，北天极的位置经常变化，赤经的起算点、春分点在恒星间的位置也经常变化，因此，不同时代各距星的坐标不同，距度和去极度也不同。但各个时代的测量值逐渐趋于精准，显示了我国古代恒星位置观测精度的不断提高。比如宋代天文学家、历法家姚舜辅为了编纂《纪元历》，于崇宁年间进行了一次观测，这次观测精度很高，测量误差只有0.15度，二十八宿距度被再次更新。

再如元代郭守敬的观测精度较姚舜辅又提高了一步，二十八宿距度的平均测量误差小于0.1度。与郭守敬同时代的赵友钦创

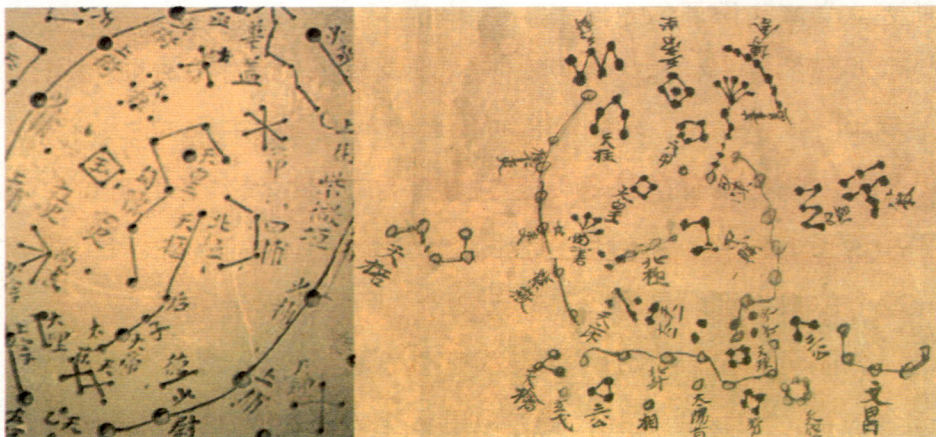

造了恒星观测的新方法，即利用上中天的时间差来求恒星的赤经差，与现代的子午观测原理完全一致。其实，不管是二十八宿距度的变化，还是北极星的偏极，都是岁差造成的。古代天文学家已发现这种现象，而且不厌其烦地修正、观测、再修正。地有地图，天有星图。星图表示了恒星的分布和排列图形。为了表示恒星的位置，又画有一些标志性的线圈，如黄赤道、恒星圈之类，这类似于地图上的经纬线。

我国古代的星图是重要的天文资料，尤其是全天星图，在世界上也不多见。我国古星图可分两类，一类是示意性的，用于装饰，常见于建筑物上和墓葬中，这类星图准确性不高，或只有局部天区；另一类是科学性的，描述恒星排列位置，记载天象观测，位置准确程度较高，星数较多，为便于表现，又有盖图式、横图式、半球式、分月式多种。示意性星图随着出土文物不断可以收集到。如东汉画像上的织女星图，五代钱元瓘墓石刻星图，唐代铸造的四象二十八宿铜镜，辽代墓葬彩色星象画等。其中辽代墓葬彩色星象画颇有价值，可帮助我们了解古代人认识的星空形象。

1971年在河北省宣化辽代墓葬中发现一幅彩色星象画，中央嵌一铜镜，四周有莲花瓣形状的图案。外面是北斗七星，东方绘一太阳，又黑白相间地绘有8个圆圈，表示月亮、五行星、计都和罗睺等，连太阳一共是九曜。再向外是二十八宿星象，均有细线相连结成图形；最外面又有12个圆圈，内画黄道十二宫的图形。其图像和名称均是中西合流的，对研究我国历史上中外天文学交流很有价值。

科学性星图一般为天文学家使用，它们的绘制有一定的观测依据，因此准确性较高。在星图发展史上，总结甘石巫三家星的吴国太史令陈卓有重要的贡献，他总结了三家星，得到283官、1464星的数字，并绘了全天星图。虽然这幅星图没有流传下来，但它对后代星图影响很大。从后代的星图中我们可以探索到它的形状。东汉文学家蔡邕的《月令章句》记叙了汉代星图的大致结构，根据书中文字可复原当时的天文星图。该星图是圆形的，以北天极为中心，向外3层红色同心圆分别为内规、赤道和外规。

内规相当于北纬55度的

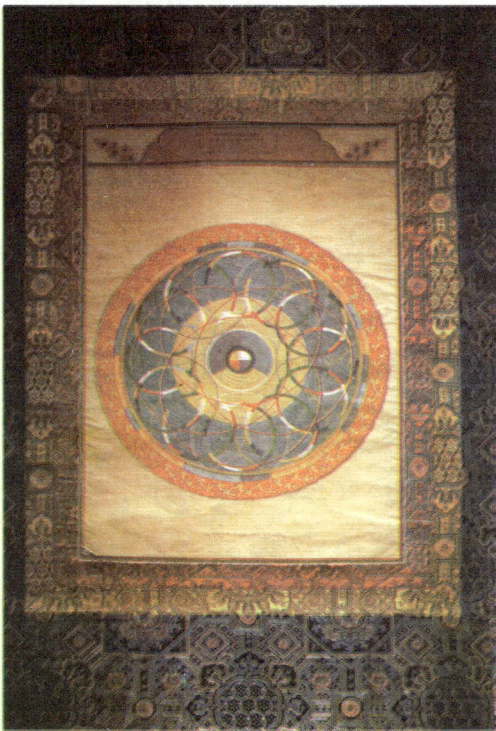

赤纬圈，表示内规以内的天区，总在地平线以上，全年都可看到；外规相当于南纬55度的赤纬圈，表示外规以外的天区，总在地平线以下，全年看不到。

从内规外规的度数分析，此星图曾用于中原地区。

在星图的绘制方法上，天球是三维体，我国古代还没有掌握把它投影到三维平面上的技术。在蔡邕记叙的汉代星图中，与北天极不等距的黄道应该是一个椭圆形，却被画成正圆形。

在绘有赤道以南星象的圆形星图中，这种变形更为明显。

大约在隋代，出现了一种用直角坐标投影的长条星图，称为"横图"。在横图上，虽然赤道附近的星象接近真实，但天极周围的星象又发生歪曲。

解决这个问题的最好办法就是分别绘制，即用横图表现赤道附近的星象，用圆图表现天极附近的星象。

宋代天文学家苏颂所绘的一套星图，正是采用这种手法的代表作。

苏颂的《新仪象法要》有星图两种5幅，四时昏晓中星图9种。其中所标二十八宿距度值，与他在元丰年间的观测记录相同，说明此星图是他根据实际观测绘制的。

这些结构图是我国现存最古的机械图纸。它采用透视和示意的画法，并标注名称来描绘机件。通过复原研究，证明这些图的一点一线都有根据，与书中所记尺寸数字准确相符。

现存在江苏省苏州博物馆内的苏州石刻天文图，是世界现存最古老的石刻星图之一。此图是采用了北宋元丰年间的全天恒星观测数据，1190年由南宋制图学家黄裳绘制并献给南宋嘉王赵扩，在1247年由宋代地方官王致远主持刻在石碑上。

这幅石刻星图采用盖图式样，上有黄赤道，内外规和银河，又有二十八宿的分界经线，外围还刻有周天度和分野及二十八宿距度。图高约2.45米，宽约1.17米，图上共有星1434颗，位置准确。全图银河清晰，河汉分叉，刻画细致，引人入胜，在一定程度上反映了当时天文学的发展水平。今人从该星图的研究中得到了不少历史信息，为现代天文学研究提供了帮助。我国古星图发展至宋代可算达到高潮，而苏州石刻星图的形式在清代末期还在继续发挥影响。

清代星图多受到西方天文学知识的影响，往往在传统的盖图式样上附有星等标即用来描述天体明亮程度的尺标、星气即星际的气体等符号。同时，清代的星图，把天区扩展到南极附近，另外新设23个星官、130颗星。新增加的星中，绝大部分在我国看不到，是根据西方星表补充进来的。

在内蒙古自治区呼和浩特市五塔寺的塔身上嵌有一幅石刻古星图，用蒙文说明。这份石刻蒙文星图在国内还是首见，其形式仍为盖图式样，有星1400余颗，据考证是清代初期绘制，乾隆年间刻石砌在塔身上的。

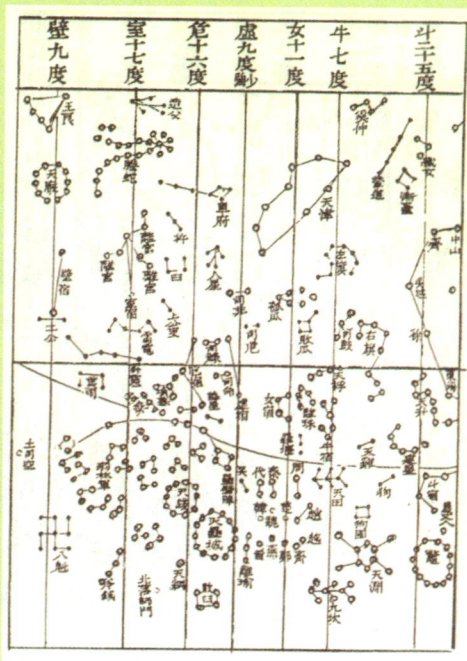

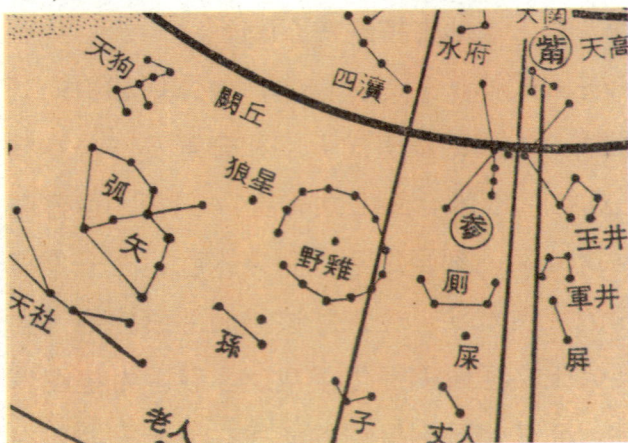

在杭州玉皇顶上还有一圆形石刻星图，为清代晚期所刻。这是传统的盖图式样，也没有采用西方天文学知识，直径约一米，无疑是我国古老星图的传流刻本。

我国古代的这些星表星图，为人类认识宇宙奠定了坚实的基础，充分说明了我国古代人民在天文学研究方面的卓越成就。

延 伸 阅 读

南宋制图学家黄裳曾经精心绘制8幅图呈送皇帝观看。现存只有天文图、地理图和帝王绍运图，这3幅图现存在苏州碑刻博物馆。

天文图、地理图是当今世界天文学和地理学的奇珍，已载入人类科学史册。尤其珍贵的是天文图，是世界上现存星数最多的古代星图，其星多达1440颗。

# 中华三垣四象二十八宿

　　星空的含义不是星空自给的，而是人类社会的产物。我国古代就有自己一套独具特色的星座体系，而且这个体系是把我国古代社会和文化搬到了天上而建立起来的。

　　三垣四象二十八宿，是我国特有的天空分划体系，历来为研究者重视。人们研究它的目的是想探求除了作为天空分划之外的更深层的天文学含义。我国古人很早就把星空分为若干个区域。西汉时期，司马迁所著《史记》里的"天官书"中，就把星空分为中宫、东宫、西宫、南宫、北宫5个天区。隋代以后，星空的区域划分基本固定，这就是在我国人们常说的三垣四象二十八宿。

　　三垣，即紫微垣、天市垣和太微垣，它是我国古代划分星空的星官之一，与黄道带上的二十八宿合称"三垣二十八宿"。

　　三垣的每垣都是一个比较大

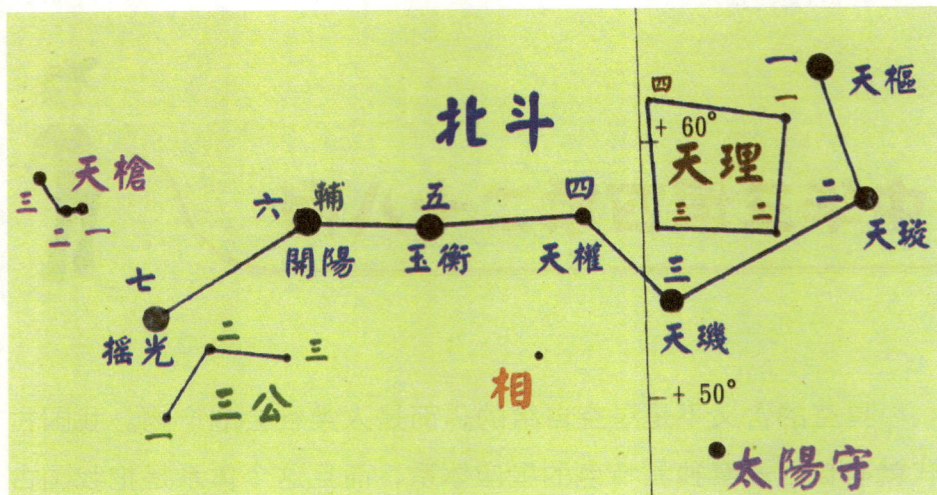

的天区，内含若干星官或称为"星座"。各垣都有东、西两藩的星，左右环列，其形如墙垣，称为"垣"。

紫微垣包括北天极附近的天区，大体相当于拱极星区。紫微垣是三垣的中垣，居于北天中央，所以又称"中宫"，或"紫微宫"。紫微宫即皇宫的意思，各星多数以紫微垣附近星区官名命名。紫微垣名称最早见于《开元占经》辑录的《石氏星经》中。

它以北极为中枢，东、西两藩共15颗星。两弓相合，环抱成垣。整个紫微垣据宋皇佑年间的观测记录，共37个星座，附座2个，正星163颗，增星181颗。

太微垣是三垣的上垣，位居于紫微垣之下的东北方。在北斗之南，轸宿和翼宿之北，成屏藩形状。太微垣名称始见于唐代初期的《玄象诗》。太微即朝廷的意思，星名也多用官名命名，例如左执法名为廷尉，右执法名为御史大夫等。

太微垣约占天区63度范围，以五帝座为中枢，共20个星座，正星78颗，增星100颗。它包含室女、后发、狮子等星座的一部分。天市垣是三垣的下垣，位居紫微垣之下的东南方向。在房宿和心宿东北，以帝座为中枢，成屏藩形状。

天市即"集贸市场"，《晋书·天文志》记载："天子率诸侯幸都市也。"故星名多用货物、星具，经营内容的市场命名。

天市垣约占天空的57度范围，包含19个星官或星座，正星87颗，增星173颗。它以帝座为中枢，成屏藩之状。古人把东、北、西、南四方每一方的七宿想象为4种动物形象，叫作"四象"。在二十八宿中，四象用来划分天上的星星，也称"四神""四灵"。

在我国传统文化中，青龙、白虎、朱雀、玄武是四象的代表物。青龙代表木，白虎代表风，朱雀代表火；玄武代表水。

东方七宿，如同飞舞在春天初夏夜空的巨龙，故而称为"东宫苍龙"；南方七宿，像一只展翅飞翔的朱雀，出现在寒冬早春的夜空，故而称为"南宫朱雀"；西方七宿，犹如猛虎跃出深秋

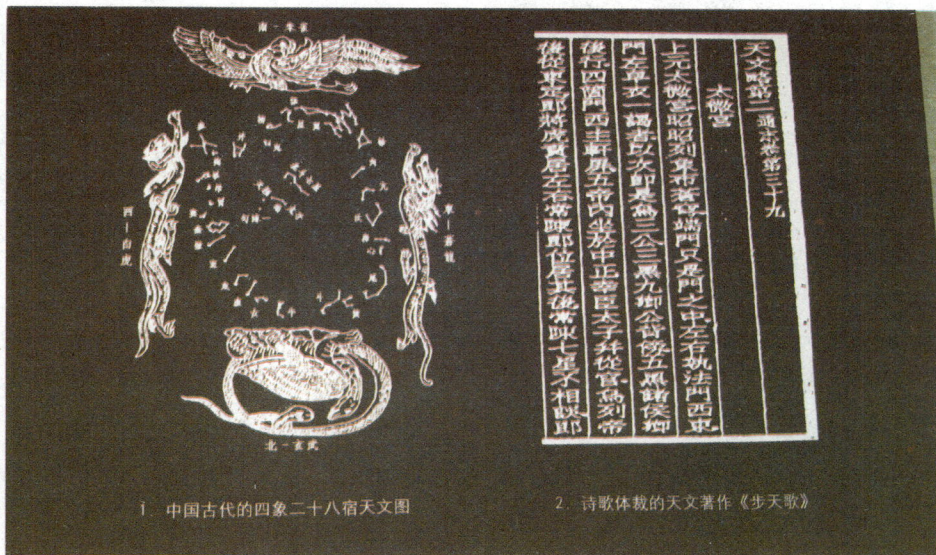

1. 中国古代的四象二十八宿天文图　　2. 诗歌体裁的天文著作《步天歌》

初冬的夜空，故而称为"西宫白虎"；北方七宿，似蛇、龟出现在夏天秋初的夜空，故而称为"北宫玄武"。

四象的出现比较早，《尚书·尧典》中已有雏形。春秋战国时期五行说兴起，以五行配五色、五方，对天空也出现了五宫说。

《史记·天官书》中就是将全天分成5宫，东西南北4宫外有中宫，中宫以北斗为主，认为"斗为帝车，运于中央，临制四乡。分阴阳、建四时、均五行、移节度、定诸记，皆系于斗"。

与三垣和四象相比，二十八宿的问题复杂得多。它是古人为观测日、月、五星运行而划分的28个星区，用来说明日、月、五星运行所到的位置。每宿包含若干颗恒星。

二十八宿是我国传统文化中的主题之一，广泛应用于古代天文、宗教、文学及星占、星命、风水、择吉等术数中。不同的领域赋予了它不同的内涵，相关内容非常庞杂。

古代观测二十八宿出没的方法常见的有4种：一是在黄昏日落后的夜幕初降之时，观测东方地平线上升起的星宿，称为"昏见"；二是此时观测南中天上的星宿，称为"昏中"；三是在黎明前夜幕将落之时，观测东方地平线上升起的星宿，称为"晨见"或"朝觌"；四是在此时观测南中天

上的星宿，称为"旦中"。古时人民为了方便观测日、月和金、木、水、火、土五大行星的运转，便将黄、赤道附近的星座选出28个作为标志，合称"二十八星座"或"二十八星宿"。

角、亢、氐、房、心、尾、箕，这7个星宿组成一个龙的形象，春分时节在东部的天空，故称"东方青龙七宿"；

斗、牛、女、虚、危、室、壁，这7个星宿形成一组龟蛇互缠的形象，春分时节在北部的天空，故称"北方玄武七宿"；

奎、娄、胃、昂、毕、嘴、参，这7个星宿形成一个虎的形象，春分时节在西部的天空，故称"西方白虎七宿"；

井、鬼、柳、星、张、翼、轸，这7个星宿形成一个鸟的形象，春分时节在南部天空，故称"南方朱雀七宿"。

由以上七宿组成的4个动物的形象，合称为"四象""四维""四兽"。古代人民用这四象和二十八星宿中每象每宿的出没和到达中天的时刻来判定季节。

古人面向南方看方向节气，所以才有左东方青龙、右西方白虎、后北方玄武、前南方朱雀的说法。

在东方七宿中，角，就是龙角。角宿属于室女座，其中较亮的角宿一和角宿二，分别是一等星和三等星。黄道就在这两颗星之间穿过，因此日月和行星常会在这两颗星附近经过。古籍上称角二星为天关或天门，也是这个原因。

亢，就是龙的咽喉。亢宿也属于室女座，但较角宿小，其中的星也较暗弱，多为四等以下。

氐，就是龙的前足。氐宿属于天秤座，包括氐宿三、氐宿四、氐宿一，它们都是二三等的较亮星，这三颗星构成了一个等腰三角形，顶点的氐宿四就落在黄道上。

房，就是胸房。房宿属于天蝎座，房四星就是蝎子的头，它们都是二三等的较亮星。

心，就是龙心。心星，即著名的心宿二，古代称之为"火""大火"或"商星"。它是一颗红巨星，呈红色，是一等星。心宿也属于天蝎座，心宿三星组成了蝎子的躯干。

尾，就是龙尾。尾宿也属于天蝎座，正是蝎子的尾巴，由八九颗较亮的星组成。

箕，顾名思义，其形像簸箕。箕宿属于人马座，箕宿四星组成一个四边形，形状如簸箕。

北方七宿共56个星座，800余颗星，它们组成了蛇与龟的形象，故称为"玄武"。

斗宿为北方玄武元龟之首，由六颗星组成，形状如斗，一般称其为"南斗"，它与北斗一起掌管着生死大权，又称为"天庙"。

牛宿六星，形状如牛角。女宿四星，形状也像簸箕。

虚宿主星即《尚书·尧典》中四星之一的虚星，又名"天节"，颇有不祥之意，远古虚星主秋，含有肃杀之象，万物枯落，委实可悲。危宿内有坟墓星座、虚梁星座、盖屋星座，也不吉祥，反映了古人在深秋临冬之季节的内心不安。室宿又名"玄宫""清庙""玄冥"，它的出现告诉人们要加固屋室，以过严冬。壁宿与室宿相类，可能含有加固院墙之意。

西方七宿共有54个星座，700余颗星，它们组成了白虎图案。

奎宿由十六颗不太亮的星组成，形状如鞋底，它算是白虎之神的尾巴。娄宿三星，附近有左更、右更、天仓、天大将军等星座。胃宿三星紧靠在一起，附近有天廪、天船、积尸、积水等星座。昴宿即著名的昴星团，有关它的神话传说特别多，昴宿内有卷舌、天谗之星，似乎是祸从口出的意思。

毕宿八星，形状如叉爪，毕星又号称"雨师"，又名"屏翳""玄冥"，我国以毕宿为雨星。觜宿三星几乎完全靠在一起，恰如"樱桃小口一点点"。

参宿七星，中间三星排成一排，两侧各有两颗星，七颗星均很亮，在天空中非常显眼，它与大火星正好相对。南方七宿计有42个星座，500多颗星，它的形象是一只展翅飞翔的朱雀。

　　井宿八星如井，西方称为"双子"，附近有北河、南河、积水、水府等星座。鬼宿四星，据说一管积聚马匹、一管积聚兵士、一管积聚布帛、一管积聚金玉，附近还有天狗、天社、外厨等星座。柳宿八星，状如垂柳，它是朱雀的口。星宿七星，是朱雀的颈，附近是轩辕十七星。张宿六星为朱雀的嗉子，附近有天庙十四星。翼宿二十二星，算是朱雀的翅膀和尾巴。

　　轸宿四星又名"天车"，四星居中，旁有左辖、右辖两星，古籍称之为"车之象也"。中华三垣四象二十八宿在天文史上名称的形成及其含义，体现了我国传统文化的丰富内涵，会给人不少启发。我国古人相信天人之际能够相互感应，天上发生某种天象，总昭示人间某时某地要发生某件事情，所以对恒星的命名对应着人间的万事万物。

延　伸　阅　读

　　昴星团有6颗蓝色的小星星，但为什么叫"七姐妹星团"呢？在古代确实能看到7颗，就好似7位仙女，身着蓝白色纱衣在云中漫步和舞蹈。后来不知道在哪一年，有一颗星突然暗了下去，不能见到了。于是，人间在诧异的同时，开始流传着这么一个，这就是"七小妹下嫁"的美丽传说。

# 致用性的古代历法

所谓历法，简单说就是根据天象变化的自然规律，计量较长的时间间隔，判断气候的变化，预示季节来临的法则。

我国古代历法的最大特点就是它的致用性，即为满足农业生产的需要和意识形态方面的需要。它所包含的内容十分丰富，如推算朔望、二十四节气、安置闰月等。当然，这些内容是随着天文学的发展逐步充实到历法中去的，而且经历了一个相当长的历史阶段。

我国古代天文学史，在一定意义上来说，就是一部历法改革史。

根据成书于春秋时期的典籍《尚书·尧典》记载，帝尧曾经组织了一批天文官员到东、南、西、北四方去观测星象，用来编制历法，预报季节。

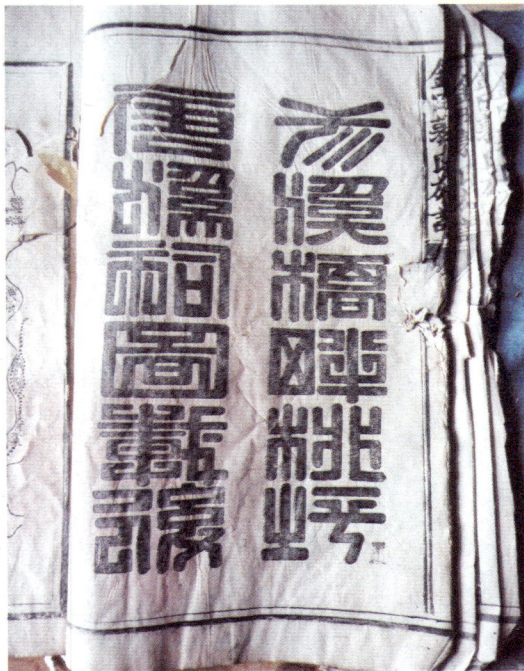

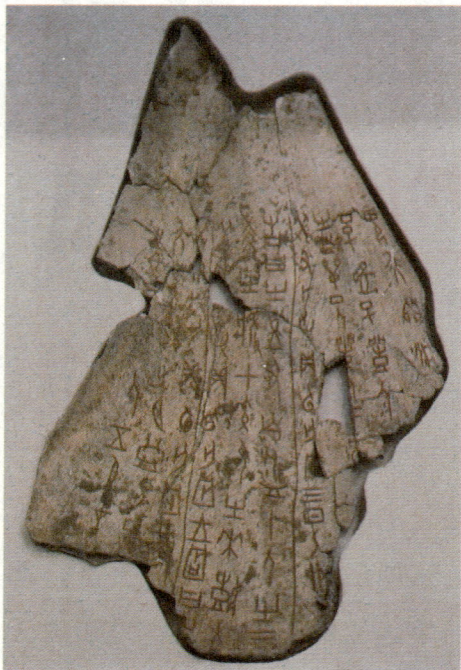

成书年代不晚于春秋时期的《夏小正》，按12个月的顺序分别记述了当月星象、气象、物候以及应该从事的农业和其他活动。

夏代历法将一年分为12个月，除2月、11月、12月之外，每月均以某些显著星象的昏、旦中天、晨见、夕伏来表示节候。

这虽然不能算是科学的历法，但称它为物候历和天文历的结合体是可以的，或更确切地说，在观象授时方面已经有了一定的经验。

《尚书·尧典》中也记载了古人利用显著星象于黄昏出现在正南天空来预报季节的方法，这就是著名的"四仲中星"。即认识4个时节，对一年的节气进行准确的划分，并将其运用到社会生产当中有重要的意义。

可见，在商末周初人们利用星象预报季节已经有相当把握了。

在干支纪日方面，夏代已经有天干纪日法，即用甲、乙、丙、丁、戊、已、庚、辛、壬、癸10天干周而复始地记日。

商代在夏代天干纪日的基础上，发展为干支纪日，即将十天干和十二地支顺序配对，组成甲子、乙丑、丙寅、丁卯等60干支，每60日循环一次。

学者们对商代历法较为一致的看法是：商代使用干支纪日、数字记月；月有大小之分，大月30日，小月29日；有闰月，也有连大月；闰月置于年终，称为"十三月"；季节和月份有较为固定的关系。

周代在继承和发展商代观象授时成果的基础上，将制订历法的工作推进了一步。周代已经发明了用土圭测日影来确定冬至和夏至等重要节气的方法，这样再加上推算，就可以将回归年的长度定得更准确了。

周代的天文学家已经掌握了推算日月全朔的方法，并能够定出朔日，这可以从反映周代乃至周代以前资料的《诗经》中得到证实。

该书的《小雅·十月之交》记载：

十月之交，朔月辛卯，日有食之。

这是"朔月"两字在我国典籍中首次出现，也是我国第一次明确地记载公元前776年的一次日食。

春秋末期到战国时代，已经定出回归年长为365日，并发现了19年设置7个闰月的方法。在这些成果的基础上，诞生了具有历史意义的科学历法"四分历"。战国时期至汉代初期，普遍实行四分历。

四分历的创制和运用，标志我国历法已经进入了相当成熟的时期。它集中体现了我国古人的聪明才智和天文历法水平，在世界范围内具有非常宝贵的价值。

对四分历的第一次改革，当属西汉武帝时期由邓平、落下闳等人提出的"八十一分律历"。由于汉武帝下令造新历是在元封七年（也就是公元前104年），故把元封七年改为太初元年，并规定以12月底为太初元年终，以后每年都从孟春正月开始，至12月年终。

这部历即叫作《太初历》。这部历法朔望长为29日，故称"八十一分法"，或"八十一分律历"。

《太初历》是我国有完整资料的第一部传世历法，与四分历相比有如下进步之处：

以正月为岁首，将我国独创的二十四节气分配于12个月中，并以没有中气的月份为闰

月，从而使月份与季节配合得更合理。

行星的会合周期测得较准确，如水星为115.87日，比现在测量值115.88日仅小0.01日。

采用135个月的交食周期，即一食年为346.66日，比如今测量的数值只差0.04日。

东汉末年，天文学家刘洪制订的《乾象历》，首次将回归年的尾数降为365.2462日；第一次将月球运行有快慢变化引入历法，成为第一部载有定朔算法的历法。

这部历法还给出了黄道和白道的交角数值为6度左右，并且由此推断，只有月球距黄、白道交点在15度以内时，才有可能发生日食，这实际上提出了"食限"的概念。

南北朝时期，天文学家祖冲之首次将东晋虞喜发现的岁差引用到他编制的《大明历》中，并且定出了45年11个月差一度的岁

差值。这个数值虽然偏大，但首创之业绩是伟大的。

祖冲之测定的交点月长为27.21223日，与今测值仅差十万分之一。

至隋代，天文学家刘焯在制订《皇极历》时，采用的岁差值较为精确，是75年差一度。刘焯制订的《皇极历》还考虑了太阳和月亮运行的不均匀性，为推得朔的准确时刻，他创立了等间距的二次差内插法的公式。

这一创造，不仅在古代制历史上有重要意义，在我国数学史上也占重要地位。

唐代值得介绍的历法有《大衍历》和《宣明历》。

唐代天文学家僧一行在大规模天体测量的基础上，于公元727年撰写成《大衍历》的初稿，僧一行去世后，由张说和陈玄景等人整理成书。《大衍历》用定气编制太阳运动表，僧一行为完成这项计算，发明了不等间二次差内插法。《大衍历》还用了具有正弦函数性质的表格和含有三次差的近似内插法，来处理行星运动的不均性问题。

《大衍历》以其革新性号称"唐历之冠"，又以其条理清楚而成为后代历法的典范。

唐代司天官徐昂制订的《宣明历》颁发实行于公元822年，是继《大衍历》之后唐代的又一部优良历法。

它给出的近点月日数为27.55455日和交点月日数为27.2122日；它尤以提出日食三差而著称，即时差、气差、刻差，这就提高了推算日食的准确度。

宋代在300余年内颁发过18种历法，其中以南宋天文学家杨忠辅制订的《统天历》最优。

《统天历》取回归年长为365.2425日，是当时世界上最精密的数值。《统天历》还指出了回归年的长度在逐渐变化，其数值是古大今小。

宋代最富有革新的历法，莫过于北宋时期著名的科学家沈括提出的"十二气历"。

我国历代颁发的历法，均将12个月分配于春、夏、秋、冬四季，每季三个月，如遇闰月，所含闰月之季即四个月；而天文学上又以立春、立夏、立秋、立冬四个节令，作为春、夏、秋、冬四季的开始。所以，这两者之间的矛盾在历法上难以统一。

针对这一弊端，沈括提出了以"十二气"为一年的历法，后世称它为《十二气历》。它是一种阳历，它既与实际星象和季节相合，又能更简便地服务于生产

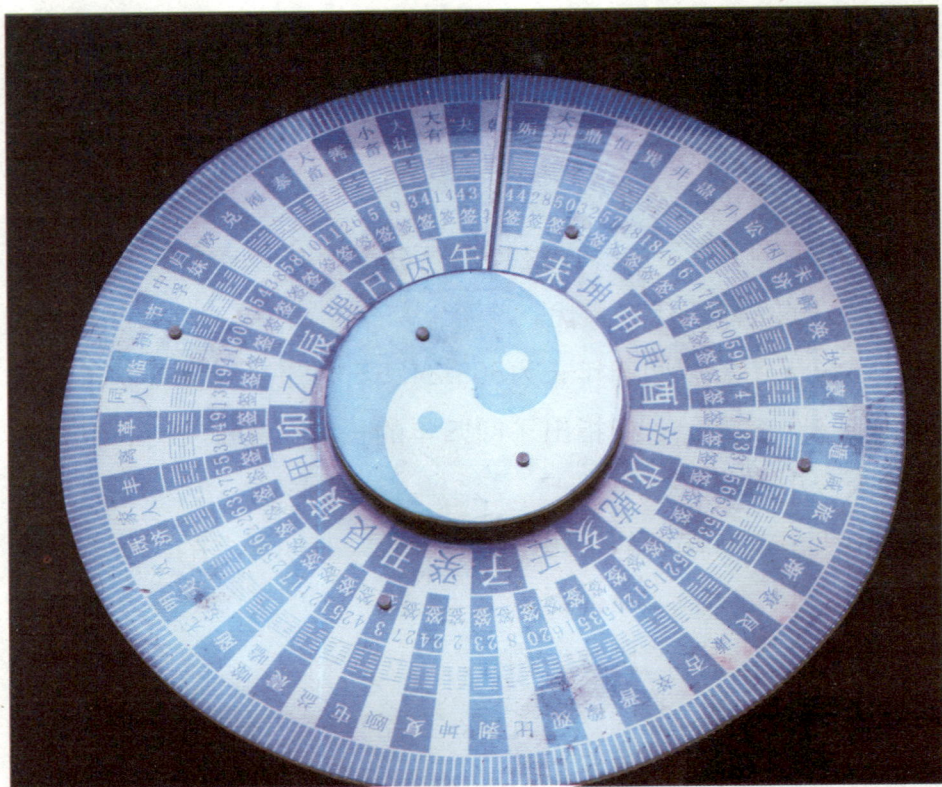

活动，可惜由于传统习惯势力太大而未能颁发实行。

我国古代历法，历经各代制历家的改革，到元代天文学家郭守敬、王恂等人制订的《授时历》达到了高峰。

郭守敬、王恂等人在制订《授时历》过程中，既总结、借鉴前人的经验，又研制大批观天仪器。在此基础上，郭守敬主持并参加了全国规模的天文观测，他在全国建立了27个观测点，在当时叫"四海测验"，其分布范围是空前的。这些地点的观测成果为制订优良的《授时历》奠定了基础。

《授时历》创新之处颇多，如废弃了沿用已久的上元纪年；取消了用分数表示天文数据尾数的旧方法；创三次差内插法求取太阳每日在黄道上的视运行速度和月球每日绕地球的运转速度；用类似于球面三角的弧矢割圆术，由太阳的黄经求其赤经、赤纬，推算白赤交角等。

《授时历》于公元1280年制成，第二年正式颁发实行，一直沿用至1644年，长达360多年，足见《授时历》的精密。

崇祯皇帝接受礼部建议，授权徐光启组织历局，修订历法。

徐光启除选用我国制历家之外，还聘用了耶稣会士邓玉函、罗雅谷、汤若望等人来历局工作。历经5年的努力，撰成46种137卷的《崇祯历书》。该历书引进了欧洲天文学知识、计算方法和度量单位等，例如采用了第谷的宇宙体系和几何学的计算体系；引入了圆形地球、地理经度和纬度的明确概念；引入了球面和平面的三角学的准确公式；采用欧洲通用的度量单位，分圆周为360度，分一日为96刻，24小时。徐光启的编历，不仅是我国古代制历的一次大改革，也为我国天文学由古代向现代发展，奠定了一定的理论和思想基础。《崇祯历书》撰完后，清代初期

曲尺

角尺

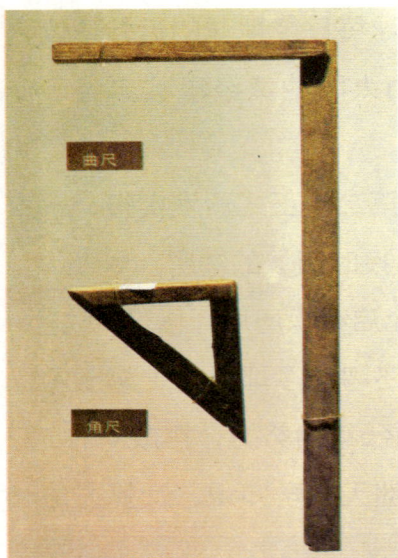

的意大利耶稣会传教士汤若望，将《崇祯历书》删改为103卷，更名为《西洋新法历书》，连同他编撰的新历本一起上呈清朝朝廷，得到颁发实行。

清代初期新历原来定名为《时宪书》。《时宪书》成为了当时钦天监官生学习新法的基本著作和推算民用历书的理论依据，在清代初期前后行用了80余年。

**延 伸 阅 读**

相传，在很久以前，有个名字叫万年的青年最早设计出一个测日影计天时的晷仪。但当天阴时，就会因为没有太阳，而影响了测量。

后来，他又动手做了一个5层漏壶。天长日久，他发现每隔360多天，天时的长短就会重复一遍。于是，万年为国君制订出了准确的太阳历。

# 东吴历法《乾象历》

　　《乾象历》是三国时期东吴实施的历法，为东汉末期刘洪撰。刘洪的天文历法成就大都记录在《乾象历》中，他的贡献是多方面的，其中对月亮运动和交食的研究成果最为突出。

　　刘洪的《乾象历》创新颇多，不但使传统历法面貌为之一新，而且对后世历法产生巨大影响。至此，我国古代历法体系最后形成。刘洪以划时代的天文学家而名垂青史。

　　刘洪是东汉光武帝刘秀的侄子鲁王刘兴的后代，自幼得到了良好的教育。青年时期曾任校尉之职，对天文历法有特殊的兴趣。

　　后来，刘洪被调到执掌天时、星历的机构任职，为太史部郎中。在此后的10余年中，他积极从事天文观测与研究工作，这对刘洪后来在天文历法方面的造诣奠定了坚实

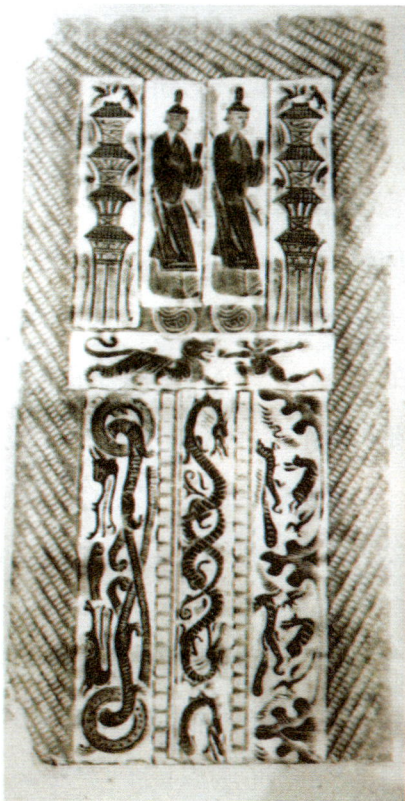

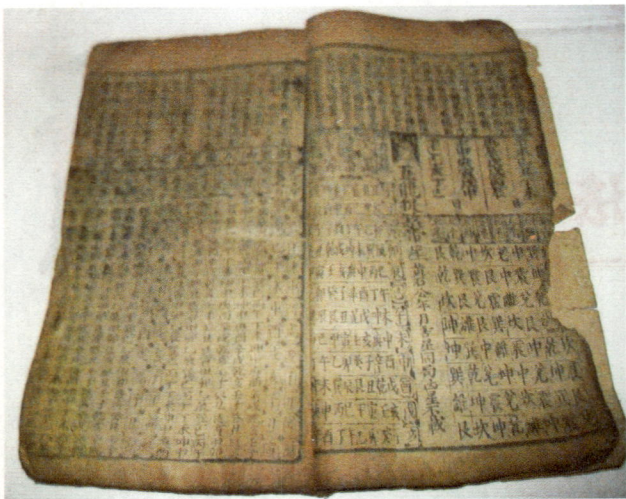

的基础。

在刘洪以前，人们对于朔望月和回归年长度值已经进行了长期的测算工作，取得过较好的数据。

至东汉初期，天文学界十分活跃，关于天文历法的论争接连不断，在月亮运动、交食周期、冬至太阳所在宿度、历元等一系列问题上，展开了广泛深入的探索，孕育着一场新的突破。

刘洪十分积极而且审慎地参加当时天文历法界的有关论争，有时他是作为参与论争的一方，有时则是论争的评判者，无论以何种身份出现，他都取公正和实事求是的态度。

经过潜心思索，刘洪发现依据前人所取用的这两个数值推得的朔望以及节气的平均时刻，长期以来普遍存在滞后于实际的朔望时刻的现象。

刘洪给出了独特的定量描述的方法，大胆地提出前人所取用的朔望月和回归年长度值均偏大的正确结论，给上述问题以合理的解释。

由于刘洪是在朔望月长度和回归年长度两个数据的精度长期处于的停滞徘徊状态的背景下，提出他的新数据的，所以这不但具有提高准确度的科学意义，而且还含有突破传统观念的束缚，打破了僵局，为后世研究的进展开拓道路的历史意义。

在此基础上，刘洪进一步建立了计算近点月长度的公式，并明确给出了具体的数值。我国古代的近点月概念和它的长度的计算方法从此得以确立，这是刘洪关于月亮运动研究的一大贡献。

刘洪每日昏旦观测月亮相对于恒星背景的位置，在坚持长期观测取得大量第一手资料之后，他进而推算出月亮从近地点开始在一个近点月内每日实际行度值。

由此，刘洪给出了月亮每天实行度、相邻两天月亮实行度之差、每日月亮实行度与平行度之差和该差数的累积值等的数据表格。这是我国古代第一份月亮运动不均匀性改正数值表即月离表。

月离表具有重要价值。欲求任一时刻月亮相对于平均运动的改正值，可依此表用一次差内插法加以计算。这是一种独特的月亮运动不均匀性改正的定量表述法和计算法，后世莫不遵从之。

　　刘洪经过20多年的潜心观测研究，取得了丰富的科研成果。而这些创新被充分地体现在他于公元206年最后完成的《乾象历》中。

　　《乾象历》的完成，是我国历法史上的一次突破性进步，奠定了我国"月球运动"学说的基础。

　　归纳起来，刘洪及其《乾象历》在如下几个方面取得了重大的进展：

　　一是给出了回归年长度值的最新数据。刘洪发现以往各历法的回归年长度值均偏大，在《乾象历》中，他定出了365.2468日的新值，较为准确。这一回归年长度新值的提出，结束了回归年长度测定精度长期徘徊以致倒退的局面，并开拓了后世该值研究的正确方向。

　　二是在月亮运动研究方面取得重大进展，给出了独特的定量描述的方法。刘洪肯定了前人关于月亮运动不均匀性的认识，在重新测算的基础上，最早明确定出了月亮两次通过近地点的时距为27.5534日的数值。

　　刘洪首创了对月亮运动不均匀进行改正计算的数值表，即月亮过近地点以后每隔一日月亮的实际行度与平均行度之差的数值表。为计算月亮的真实运行度数提供了切实可行的方法，也为我国古代该论题的传统计算法奠定了基石。

　　刘洪指出月亮是沿自己特有的轨道运动的，白道与黄道之间的夹角约为6度。这同现今得到的测量结果已比较接近。

　　他还定出了一个白道离黄道内外度的数值表，据此，可以计算任一时刻月亮距黄道南北的度数。刘洪阐明了黄道与白道的交点在恒星背景中自东向西退行的新天文概念，并且定出了黄白交点每日退行的具体度值。

三是提出了新的交食周期值。刘洪提出一个食年长度为346.6151日。该值比他的前人和同时代人所得值都要准确，其精度在当时世界上也是首屈一指的。

刘洪还提出了食限的概念，指出在合朔或望时，只有当太阳与黄白交点的度距小于14.33度时，才可能发生日食或月食现象，这14.33度就称为食限，是判断交食是否发生的明确而具体的数值界限。

刘洪创立了具体计算任一时刻月亮距黄白交点的度距和太阳所在位置的方法。这实际上解决了交食食分大小及交食亏起方位等的计算问题，可是《乾象历》对此并未加阐述。

刘洪发明有"消息术"，这是在计算交食发生时刻，除考虑月亮运动不均匀性的影响外，还虑及交食发生在一年中的不同月份，必须加上不同的改正值的一种特殊方法。这一方法，实际上已经考虑到太阳运动不均匀性对交食影响的问题。

四是在天文数据表的测算编纂方面的贡献。刘洪还和东汉末的文学家、书法家蔡邕一起，共同完成了二十四节气太阳所在位置、黄道去极度、日影长度、昼夜时间长度以及昏旦中

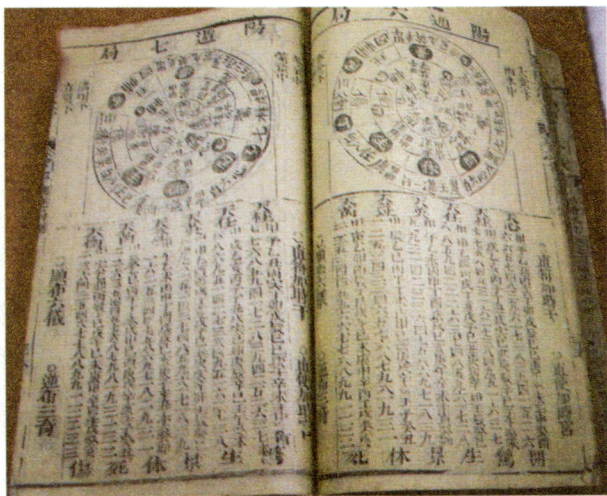

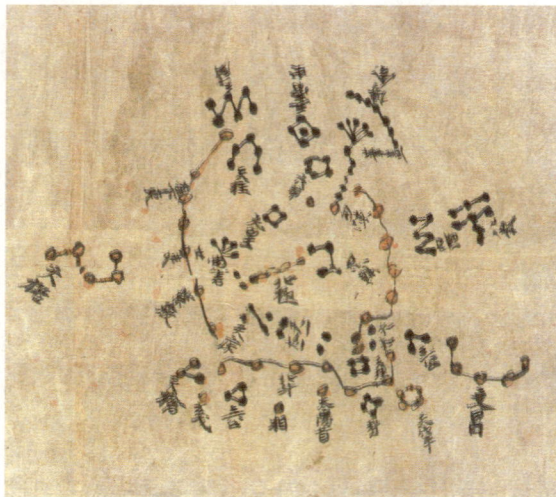

星的天文数据表的测算编纂工作。该表载于东汉四分历中，后来它成为我国古代历法的传统内容之一。

总之刘洪提出了一系列天文新数据、新表格、新概念和新计算方法，把我国古代对太阳、月亮运动以及交食等的研究推向一个崭新的阶段。他的《乾象历》是我国古代历法体系趋于成熟的一个里程碑。

**延 伸 阅 读**

三国时期东吴有一批天文学家各据自己的方法预报了我国179年可能发生的一次月食，有的说农历三月，有的说农历四月，有的说农历五月当食。天文学家刘洪反对这种推断，认为这是未经实践检验的。进而，刘洪提出必须以真切可信的交食观测事实作为判别的权威标准，这一原则为后世历家所遵循。

# 唐代历法《大衍历》

　　《大衍历》是唐代历法，为唐代僧一行所撰。它继承了我国古代天文学的优点和长处，对不足之处和缺点做了修正，因此取得了巨大成就。它对后代历法的编订影响很大。

　　《大衍历》最突出的表现在它比较正确地掌握了太阳在黄道上运动的速度与变化规律。僧一行采用了不等间距二次内插法推算出每两个节气之间，黄经差相同，而时间距却不同。

　　唐代是我国古代文化高度发展与繁荣的一个朝代。这不仅体现在政治、经济上，还体现在自然科学方面。唐代的天文学成就，标志着我国古代天文历法体系的成熟。这一时期涌现了不少杰出的天文学家，

其中僧一行的成就最高。

僧一行，本性张，出生于一个富裕人家，家里有大量的藏书。他从小刻苦好学，博览群书。他喜欢观察思考，尤其对于天象，有时一看就是一个晚上。至于天文、历法方面的书他更是大量阅读。

日积月累，他在这方面有了很深的造诣，很有成就，成为著名的学者。公元712年，唐玄宗即位，得知僧一行精通天文和数学，就把他召到京都长安，做了朝廷的天文学顾问。

唐玄宗请僧一行进京的主要目的是要他重新制订历法。因为自汉武帝到唐高宗之间，先后有过25种历法，但都不精确。

唐玄宗因为唐高宗诏令李淳风所编的《麟德历》所标的日食总是不准，就诏僧一行定新历法。

僧一行在长安生活了10年，使他有机会从事天文学的观测和历法改革。自从受诏改历后，为了获得精确数据，他就开始了天文仪器制造和组织大规模的天文大地测量工作。

僧一行在修订历法的实践中，为了测量日、月、星辰在其轨道上的位置和掌握其运动规律，他与梁令瓒共同制造了观测天象的"浑天铜仪"和"黄道游仪"。

浑天铜仪是在汉代张衡的"浑天仪"的基础上制造的，上面画着星宿。此仪器用水力运转，每昼夜运转一周，与天象相符。还装了两个木人，一个每刻敲鼓，一个每辰敲钟，其精密程度超过了张衡的"浑天仪"。

黄道游仪的用处，是观测天象时可以直接测量出日、月、星辰在轨道的坐标位置。僧一行使用这两个仪器，有效地进行了对天文学的研究。

在僧一行以前，天文学家包括像张衡这样的伟大天文学家都认为恒星是不运动的。但是，僧一行却用浑天铜仪、黄道游仪等仪器，重新测定了150多颗恒星的位置，多次测定了二十八宿距天体北极的度数。从而发现恒星在运动。

根据这个事实，僧一行推断出天体上的恒星肯定也是移动的。于是推翻了前人的恒星不运动的结论，僧一行成了世界天文史上发现恒星运动的第一个中国人。

僧一行是重视实践的科学家，他使用的科学方法，对他取得的成就有决定作用。僧一行和南宫说等人一起，用标杆测量日影，推算

出太阳位置与节气的关系。

僧一行设计制造了"复矩图"的天文学仪器，用于测量全国各地北极的高度。他用实地测量计算得出的数据，推翻了"王畿千里，影差一寸"的不准确结论。

从公元724年至公元725年，僧一行组织了全国13个点的大地测量。这次测量以天文学家南宫说等人在河南的工作最为重要。当时南宫说是根据僧一行制历的要求进行的这次测量。

僧一行从南宫说等人测量的数据中，得出了北极高度相差一度，南北距离就相差351千米80步的结论。

这实际上是世界上第一次对子午线的长度进行实地测量而得到的结果。如果将这一结果换算成现代的表示方法，就是子午线的每一度为123.7千米。

这次大地测量无论规模还是方法的科学性和取得的实际成果，都是前所未有的。英国著名的科学家李约瑟后来高度评价说：

"这是科学史上划时代的创举。"

僧一行从公元725年开始制订新历，于公元757年完成初稿，根据《易》象"大衍之数"而取名为《大衍历》。可惜就在这一年，僧一行与世长辞了。他的遗著经唐代文学家张说等人整理编次，共52卷，称《开元大衍历》。

从公元729年起，根据《大衍历》编纂成的历书颁行全国。经过检验，《大衍历》比唐代已有的其他历法都更精密。

僧一行为编《大衍历》，进行了大量的天文实测，包括测量地球子午线的长度，并对中外历法系统进行了深入的研究，在继承传统的基础上，颇多创新。

《大衍历》是僧一行在全面研究总结古代历法的基础上编制出来的。它首先在编制方法上独具特色。

《大衍历》把过去没有统一格式的我国历法归纳成7个部分：

"步气朔"讨论如何推算二十四节气和朔望弦晦的时刻；"步发敛"内容包括七十二候、六十四卦及置闰法则等；"步日躔"讨论如何计算太阳位置；"步月离"讨论如何推算月亮位置；"步晷露"计算表影和昼夜漏刻的长度；"步交会"讨论如何计算日食和月食；"步五星"介绍的是五大行星的位置计算。

这七章的编写方法，具有编次结构合理、逻辑严密、体系完整的特点。因此后世历法大都因之，在明代末期以前一直沿用。可见《大衍历》在我国历法上的重要地位。

从内容上考察，《大衍历》也有许多创新之处。

《大衍历》对太阳视运动不均匀性进行新的描述，纠正了张子信、刘焯以来日躔表的失误，提出了我国古代第一份从总体规律上符合实际的日躔表。

在利用日躔表进行任一时刻太阳视运动改正值的计算时，僧一行发明了不等间距二次差内插法，这是对刘焯相应计算法的重要发展。

僧一行对于五星运动规律进行了新的探索和描述，确立了五星运动近日点的新概念，明确进行了五星近日点黄经的测算工作。

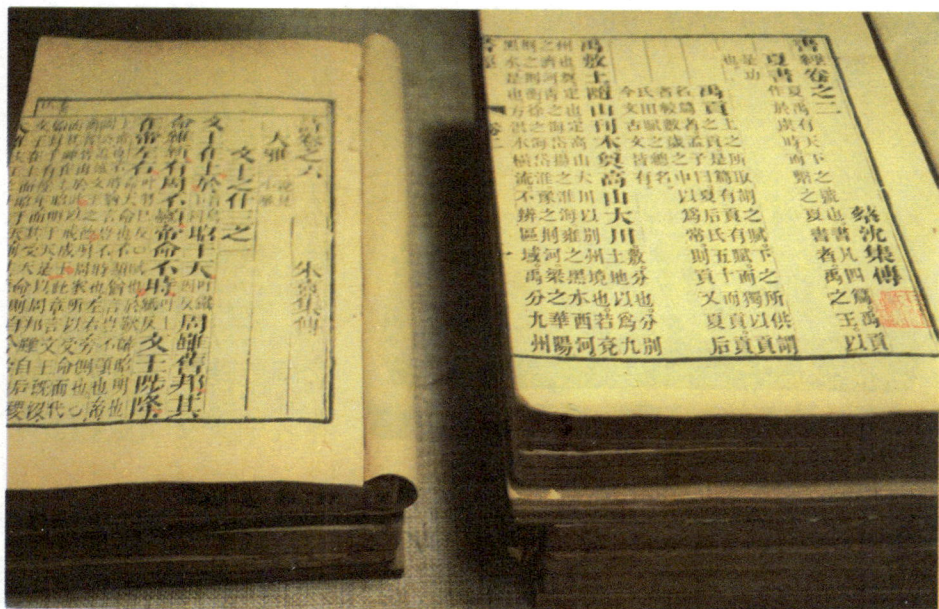

如僧一行推算出公元728年的木星、火星和土星三星的近日点黄经，分别为345.1度，300.2度和68.3度。这与相应理论值的误差分别为9.1度、12.5度和1.6度，此中土星近日点黄经的精度已经达到了很高的水平。

僧一行还首先阐明了五星近日点运动的概念，并定出了每年运动的具体数值。

《大衍历》还首创了九服晷漏、九服食差等的计算法。在新算法中，对于从太阳去极度推求晷影长短，《大衍历》设计了一套计算方法。根据简单的三角函数关系由太阳去极度可以方便地得到八尺之表的影长。

我国古代天文学家用巧妙的代数学方法解决了这一问题，体现了我国天文学的特色。

《大衍历》中包含有僧一行编成的世界上最早的正切函数

表。利用这个表，可以从影长查得天顶距，进而求得去极度，也可以从去极度求出天顶距后，再查表得影长。

这样在角度和长度之间就建立了联系。这在我国天文学史和数学史上都是一大进步。

《大衍历》是当时世界上比较先进的历法。日本曾派留学生吉备真备来我国学习天文学，回国时带走了《大衍历经》一卷，《大衍历立成》12卷。于是《大衍历》便在日本广泛流传起来，其影响甚大。

## 延 伸 阅 读

僧一行在编制《大衍历》之前，就已经走遍了大半个中国。公元705年，僧一行游历到岭南，喜爱上外海的五马归槽山，便在山麓搭起茅庵留了下来。他在此观察天象，绘制星图，以种茶度日，因此他所居住的草庐名叫"茶庵"。

# 元代历法《授时历》

　　《授时历》为元代实施的历法名，因元世祖忽必烈封赐而得名，原著及史书均称其为《授时历经》。《授时历》沿用400多年，是我国古代流行时间最长的一部历法。

　　《授时历》正式废除了古代的上元积年，而截取近世任意一年为历元，打破了古代制历的习惯，是我国历法史上的第四次大改革。

　　元朝统一全国后，当时所用的历法《大明历》已经误差很大，元世祖忽必烈决定修改历法。于是命人置局改历，开始了我国历法史上的又一次改革。

　　据《元史》记载，元大都天文台上有郭守敬制作的仪器13件。

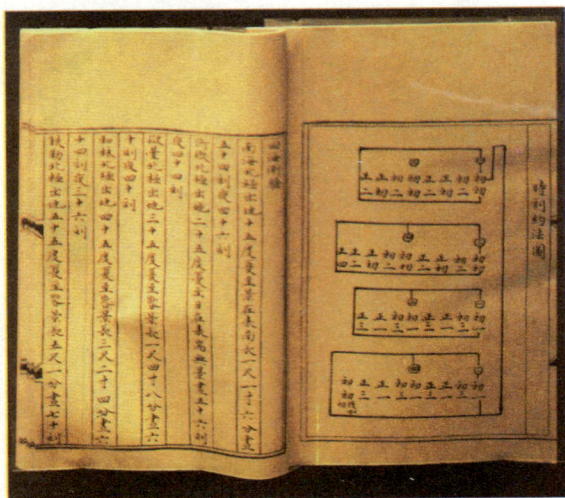

据说，为了对它们加以说明，郭守敬奏进仪表式样时，从上早朝讲起，直讲到下午，元世祖一直仔细倾听而没有丝毫倦意。这个记载反映出郭守敬讲解生动，也反映出元世祖的重视和关心。

郭守敬又向元世祖列举唐代僧一行为编《大衍历》而进行全国天文测量的史实，提出为编制新历法，也应该组织一次全国范围的大规模的天文观测。

元世祖接受了郭守敬的建议，派10多名天文学家到国内各地进行了几项重要的天文观测，历史上把这项活动称为"四海测验"。

元代"四海测验"不少于27个观测点，分布在南起北纬15度，北至北纬65度，东起东经128度，西至东经100度的广大地域。主要进行了日影、北极出地高度即观察北极星的视线和地平面形成的夹角度数、春分秋分昼夜时刻的测定。

至今还存在的观测站在阳城，就是现在的河南省登封测景台，又称"元代观星台"。这里在古人认为是"地中"。

登封测景台不仅仅是一个观测站，同时也是一个固定的高表。表顶端就是高台上的横梁，距地面垂直距离13米。

高台北面正南北横卧着石砌的圭，石圭俗称"量天尺"，长达40米。与通常使用的两米高表比较，新的表高为原来表高的5

倍，减小了测量的相对误差。

郭守敬敢于在各观测站都使用13米高表而不怕表高导致的端影模糊，是因为他配合使用了景符，通过景符上的小孔，将表顶端的像清晰地呈现在圭面上。

景符是高表的辅助仪器。它利用微孔成像的原理，使高表横梁所投虚影成为精确实像，清晰地投射在圭面上，达到了人类测影史的最高精度，领先于同期的世界水平。

这次测量获得了高精度的原始测量数据，对《授时历》的编算贡献很大。

经过许衡、郭守敬、王恂等天文学家们艰苦奋斗，精确计算了四年，运用了割圆术来进行黄道坐标和赤道坐标数值之间的换算，以二次内插法解决了由于太阳运行速度不匀造成的历法不准确问题，终于在公元1280年编成了这部历史上空前精确、空前先进的历法。

元世祖根据古书上"授民以时"的命意，取名为《授时历》。

王恂是以算术闻名于当时的，元世祖命他负责治历。他谦称自己只知推算年时节候的方法，要找一个深通历法原理的人来负责，于是他推荐了许衡。

许衡是当时大儒，

对于易学尤精，接受任命以后十分同意郭守敬制造仪器进行实测。

《授时历》颁行的第二年，许衡病卒，王恂已于前一年去世，这时有关《授时历》的计算方法、计算用表等尚未定稿，郭守敬又挑起整理著述最后定稿的重担，成为参与编历全过程的功臣。

《授时历》是我国古代创制的最精密的历法，用郭守敬自己的话说，《授时历》"考正者七事""创法者五事"。

考正者七事，一是精确地测定了至公元1280年的冬至时刻。二是给出了回归年长度及岁差常数，即第一年冬至到第二年冬至的时间为365日24刻25分。古时一天分为100刻，即1年为365.2425日；如以小时计，《授时历》为365日5时49分12秒。三是测定了冬至日太阳的位置，认为太阳在冬至点速度最高，在夏至点速度最低。四是测定了月亮在近地点时刻。五是测定了冬至前月亮过升交点的时刻。即冬至时月亮离黄白交点的距离，并进一步利用此数据测定了朔望日、近点月和交点月的日数。六是测定了二十八宿距星的度数。七是测定了二十四节气时元大都日出日没时刻及昼夜时间长短。

创法五事，一是求出了太阳在黄赤道上的运行速度。二是求出了月亮在白道上的运行速度，即月球每日绕地球运行的速度。三是从太阳的黄道经度推算出赤道经度。四是从太阳的黄道经度推算赤道纬度。五是求月道和赤道交点的位置。

《授时历》采用的天文数据是相当精确的。如郭守敬等重新测定的黄赤交角为古度23.9030度，约折合今度23.3334度，与理论推算值的误差仅为1分36秒。

法国著名数学家和天文学家拉普拉斯在论述黄赤交角逐渐变小的理论时，曾引用郭守敬的测定值，并给予其高度评价。

《授时历》中的推算还使用了郭守敬创立的新数学方法。如

"招差法"是利用累次积差求太阳、月亮运行速度的，"割圆法"是用来计算积度的，类似球面三角方法求弧长的算法。

不仅如此，郭守敬废弃了用分数表示非整数的做法，采用百进位制来表示小数部分，提高了数值计算的精度。

郭守敬不再花费很大的力气去计算上元积年，直接采用公元1280年冬至为历法的历元，表现了开创新路的革新精神。

所谓"上元积年"，是我国古代编历的老传统。"上元"就是在过去的年代里，一个朔望日的开始时刻和冬至夜半发生在一天；"积年"就是从制历或颁历时的冬至夜半上推到所选上元的年数。

历法家为了找到一个理想的上元，往往牵强凑合。《授时历》不采用这种方法，而以公元1280年作为推算各项天文数据的起点，这就是近世截元法。这是历法史上的一项重要贡献。

在恒星观测方面，郭守敬等不仅将二十八宿距星的观测精度提高到一个新的水平，而且对二十八宿中的杂坐诸星，以及前人未命名的无名星进行了一系列观测，并且编制了星表。

元代二十八宿的测量误差很小，其中房、虚、室、娄、张五宿的测量误差小于1分，大于10分的仅胃宿一宿，实在是高水平的测量，也是元代天文仪器精密的客观记录。

郭守敬还著有《新测二十八舍杂坐诸星入宿去极》一卷和《新测无名诸星》一卷。清代梅文鼎说曾见过民间遗本，现在北京图书馆藏《天文汇钞》中的《三垣列舍入宿去极集》一卷，就是抄自郭守敬恒星图表的抄本，甚为珍贵。

《授时历》是我国古代最先进的历法，代表了元代天文学的高度发展。自颁行后，沿用400多年，是我国流行最长的一部历

法。《授时历》编制不久，即传播到日本、朝鲜，并被采用。《授时历》作为我国历史上一部优秀的、先进的、精确的历法，在世界天文学史上也占有突出的位置。

延 伸 阅 读

元世祖忽必烈于1279年3月20日，命天文学家郭守敬进行地理测量行动，这就是历史上有名的"四海测验"。在这次大规模的观测活动中，测量队曾在南海设立观测点，郭守敬亲自登陆的南海测点为黄岩岛及附近诸岛，测量结果在《元史》中有详细记载。

# 测量日影仪器表和圭

古代天文学家为了测定天体的方位、距离和运动，设计制造了许多天体测量的仪器。通过获得这些仪器测定的数据，来为各种实用的和科学的目的服务。

我国古代天体测量方面的成就是极其辉煌的。在诸多天体测量仪器中，表和圭通过测定正午的日影长度以定节令，定回归年或阳历年。还可以用来在历书中排出未来的阳历年以及24个二节令的日期，作为指导农事活动的重要依据。

表就是直立在地上的一根竿子，是最早用来协助肉眼观天测天的仪器。圭是用来量度太阳照射表时所投影子长短的尺子。两者结合在一起用时，遂称为"圭表"。从史料记载

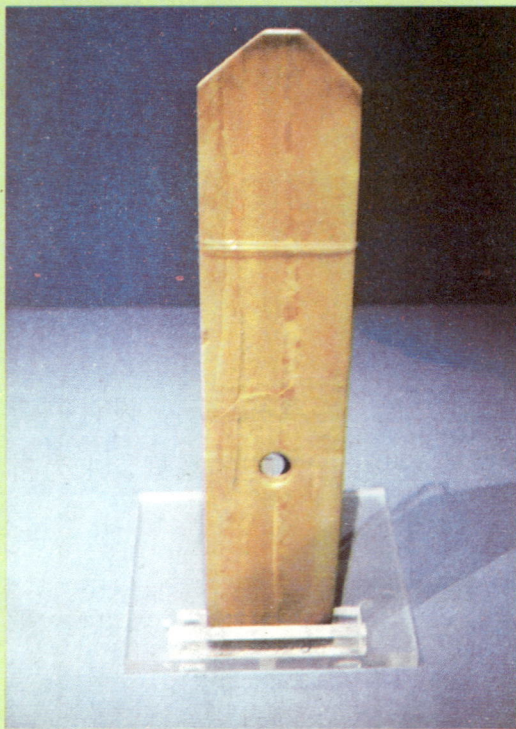

和发展规律来看，表的出现先于圭。

甲骨文中有关"立中"的卜辞，是关于殷人进行的一种祭祀仪式：在一块方形或圆形平地的中央标志点上立一根附有下垂物的竿子，附下垂物的作用在于保证竿子的直立。

殷时的人们在4月或8月的某些特定日子进行这种"立中"的仪式，其目的在于通过表影的观测求方位、知时节。表明当时的人们已知立表测影的方法了。

事实上，在殷商之前，由于太阳的出没伴随着昼夜的交替，从原始社会起，人们就知道判别方向应与太阳升落有关。

早在新石器时期的墓葬群中，考古学家已发现其墓主人的头部都朝着一定的方向：陕西省西安半坡村朝西，山东省大汶口朝东，河南省青莲岗各期朝东，或东偏北、东偏南。这显然同日月的升落有关。

殷商时用表测日影的旁证还有甲骨文中表示一天之内不同时刻的字。这些字都同"日"字有关，如朝、暮、旦、明、昃、中日、昏等，其中"中日"与"昃"更是明确表示日影的正和斜，是看日影所得出的结论。

　　这一点同时也说明了表的一个用途，即利用表影方位的变化确定一天内的时间，这便是后代制成日晷的原理。也就是说，日晷是在表的基础上发展起来的。

　　关于圭的出现，详细记录有圭表测量的书是战国至西汉时的《周礼》《周髀算经》《淮南子》等，因而一般人多认为圭的出现要在春秋战国时期。

　　东汉文字学家许慎《说文解字》认为，圭是做成上圆下方的美玉，公侯伯子男所执之圭有9寸、7寸、5寸之不同。因而圭的长短就是各人身份的标志，换句话说，圭就是度量身份的尺子。

　　圭本身是一种表示官阶身份的标志，而"土圭"则是用于量度的圭。《周礼》中的《考工记·玉人》记载了土圭的制造和用途："土圭尺有五寸，以致日，以土地。"

意思是说，用1.5尺的圭去进行度量，求得时间和季节，也可求地方的南北所在。

按《周髀算经》提供的数据，一般用6尺之表，则夏至时日影最短为1.5尺，正好是圭之长。

"土圭"和"土圭之法"是从"表"发展至"圭表"之间的一个过渡。最初是用一根活动的尺子去量度表影，以后才发展成将圭固定于表底，并延长其长度，使一年中任一天都可以方便地在圭面上读出影长，这才是圭表。

目前所见的圭表实物最早当推1965年在江苏省仪征东汉墓中出土的铜圭表。表身可折叠存放于圭上专门刻制的槽内，圭上的刻度和铜表的高度均为汉制缩小10倍的尺寸。圭表作为随葬品埋入墓内，说明东汉时期圭表已很普及了。

从表发展成圭表是一个进步，是人们对立表测影要求精确化和数量化的体现。

延 伸 阅 读

祖冲之是南北朝时期杰出的数学家、科学家。他在天文方面也颇多贡献。比如他区分了回归年和恒星年，首次把岁差引进历法，给出了更精确的五星会合周期等。在这之中，还发明了用圭表测量冬至前后若干天的正午太阳影长以定冬至时刻的方法。

# 测量天体的浑仪和简仪

　　测量天体的仪器已有近2000年的历史。在历史进程中，我们的祖先在不同的时期发明和制造了各种测量天体的仪器，适应了当时社会经济发展和人们生活需求。

　　我国古代测量天体的仪器最著名的是浑仪和简仪。这两件仪器的制造，是我国天文仪器制造史上的一大飞跃，是当时世界上的一项先进技术。

　　浑仪是我国古代天文学家用来测量天体坐标和两天体间角距离的主要仪器。简仪是重要的观测用仪器，由浑仪发展而来。

　　我国古代浑仪的诞生，经历了从简单发展至复杂又回到简单的过程。

　　大致来说，战国至秦是它的诞生时期；汉唐时期是研制、创新、定型阶段；宋元时

期是它的高峰；明代以后的铸造已经带有西学元素。

浑仪由于它的重要性，历代均有研制。保存至今的明制浑仪和清制浑仪结构合理、铸造精良、装饰华丽，成为古代天文仪器的精品，甚至成为我国古代科技文明的象征。

浑仪的构造包括3个基本部件，首先是窥管，通过这根中空管子的上下两孔观测所要测的天体；其次是反映各种坐标系统的读数环，当窥管指向某待测天体时，它在各读数环中的位置就是该天体的坐标。

此外就是各种支承结构和转动部件，保证仪器的稳固，使窥管能自由旋转以指向天空任何方位。

最初的浑仪结构比较简单，只有一根窥管和赤道系统的读数环并兼做支架的作用，在《隋书·天文志》中最早留下了南北朝时孔挺于323年制的浑仪结构，即如上述古法所制。

北魏鲜卑族天文学家斛兰于412年受诏主持铸成我国历史上第一台铁浑仪。铁浑仪增加了带水槽的十字底座，底座上立4根柱子支承仪器。这样，读数系统与支承系统就分开了。

铁浑仪的基本结构与前赵孔挺浑仪大致相同，但又有新创造。如在底座上铸有"十"字形水槽，以便注水校准水平，这是在仪器设备上利用水准仪的开端。

铁浑仪是一台质量很高的仪器，北魏灭亡后，历经北齐、后周、隋、唐几个朝代一直使用了200多年，直至唐睿宗时，天文学家瞿昙悉达还奉敕修葺此仪，可见其使用寿命之长。

至唐代，由于天文学家李淳风、僧一行和天文仪器制造家梁令瓒等人的努力，浑仪的三重环圈系统建立起来，成为后世浑仪结构的定型式。

浑仪的三重环圈各有名称，最里面的是四游环或四游仪，它夹着窥管可使之自由旋转；中间一重是三辰仪，包括赤道环、黄道环、白道环，上面都有刻度，是各坐标系统的读数装置；外面一重是六合仪，包括地平、子午、赤道三环，固定不动，起仪器

支架作用。

考察历代所制浑仪，都可以按这三重环圈体系来分析它们的结构。其构造科学合理，观测精确，造型优美而享誉世界。

由于天体的周日运动是沿赤道平面的，所以只有赤道系统能最方便地表示天体的坐标，黄道和白道就显得很麻烦，而且由于岁差的原因，赤道和黄道的交点不断变化，使黄赤道的位置不固定。

唐代僧一行和梁令瓒所铸黄道游仪就是为了解决这个问题而设计的，他们在赤道环上每隔一度打一个孔，使黄道环能模仿古人理解的岁差现象不断在赤道上退行。

类似的情况是白道和黄道，李淳风就在他制造的浑天黄道仪的黄道环上打249个孔，每过一个交点月就让白道在黄道上退行一孔。这样的设计虽说巧妙，但却给使用带来不便，并影响精度的准确，后来遂被废除。

宋代的浑仪铸造主要在北宋时期，大型的就有五架，每架用铜总在10000千克以上，可见其规模之大。

宋代浑仪也注意精度方面的改良。如窥管孔径的缩小，降低人目移动造成的误差，并调整仪器安装的水平和极轴的准确，降低系统误差。

当时发明的转仪钟装置和活动屋顶，成为我国天文仪器史上两大重要发明。

宋代浑仪已是环圈层层环抱的重器，它在天文测量和编历工作中起了很大的作用，但也渐渐显示了多重环圈的弊病：安装和调整不易，遮蔽天空渐多，使许多天区成为死区不能观测。因此，宋代之后已在酝酿浑仪的重大改革，这就是元代简仪的创制。

要追踪历代浑仪的下落是件不容易的事。木制的当然不易保存下来，即使是铜铁铸的也因年久湮灭和战乱毁坏而不存。

宋代浑仪的遭遇要复杂些，北宋为金所灭，开封的五大浑仪全被虏至金的都城中都，运输过程中损坏的部件均被丢弃，浑仪被置于金的候台上，但因开封和北京纬度差达4度，观测时需作修正。

金章宗时，有一年雷雨狂风使候台裂毁，造成浑仪滚落台下，后经修理复置于台上。

北方蒙古族南下攻金，金王室仓皇出逃，宋代浑仪搬运困难，只好放弃而去，宋代仪器再次受到毁坏。至1271年，宋代浑仪只有天文学家周琮等人所造的一架还有线索，其他的都已不明。

北宋亡后，宋高宗南渡，曾经在杭州铸造过两三台小型浑仪，置于太史局、钟鼓院和宫中，但下落均不明。

明朝建都南京后，将北京的宋元代浑仪运至南京鸡鸣山设观象台，随后铸浑仪。明成祖朱棣迁都北京后仪器并未运回北京，而是派人去南京做成木模到北京来铸造，于公元1437年铸成，置于明观象台上，即现在的北京古观象台。

清代康熙年间，钦天监请将南京郭守敬所造仪器运回北京。当时有人在观象台下见到许多元制简仪、仰仪诸器，都有王恂、郭守敬监造的签名。

1715年，欧洲传教士纪理安提出铸造地平经纬仪，将元明时期除明代制简仪、浑仪、天体仪外的旧仪，尽皆熔化充作废铜使用，遂使元明时期旧仪不复留存。

至于宋元明时期旧仪的下落还有待进一步研究和发现。目前陈列在北京古观象台上的仪器为清代铸造，而在南京紫金山天文台上的浑仪、简仪则是明代仿制的宋元时期旧仪。

简仪的创制是在1279年由元代天文学家郭守敬负责的，现存于紫金山天文台的简仪为明代正统年间的复制品，郭守敬原器已毁。因其简化了浑仪的环圈重叠体系，又将赤道坐标与地平坐标分开，不遮掩天空，观测简便，故后人以此作为其名称的由来。

郭守敬创制的简仪，就其结构来说是一个含有四架简单仪器的复合仪器。

四架仪器中的主要部分是一架赤道经纬仪，可算是传统浑仪的简化。

它只有四游环、赤道环和百刻环，而后两环重叠在一起置于四游环的南端，使四游环上方无任何规环遮掩，一览无余。

在赤道和百刻两环之间安装有四个铜圆柱，起滚动轴承的作用，这一发明早于西方200年之久。但这四个铜圆柱在明代复制品中没有。

四架仪器中的另一部分是地

平经纬仪，又称"立运仪"，就是直立着运转的仪器。它可以测量天体的地平经纬度。

地平经纬仪只有两个环，一个地平环，水平放置；在地平环中心垂直立一个立运环，窥衡附于其上，起四游环的作用。

四架仪器中的其他两部分是候极仪和正方案。候极仪装于赤道经纬仪的北部支架上，以观北极星校准仪器的极轴，使安装准确。正方案置于南部底座上，它既可以单独使用，也可以用在简仪上以校准仪器安装的方位准确性。

现存简仪上正方案的位置在明末清初换上了平面日晷。

在《元史·天文志》里列举郭守敬创制的仪器名称，首先就是简仪，而立运仪、候极仪、正方案的名称又另外列出，可见郭守敬所指的简仪就是单指其中的赤道经纬仪。

当时既无这一名称，它又同传统的浑仪形状不同，考其作用正如浑仪，结构比浑仪简化。因此郭守敬称其简仪也是合理的。

延 伸 阅 读

在邢台县的北郊，有一座石桥。金元战争使这座桥的桥身陷在泥淖里，日子一久，竟没有人能够说清它的所在了。郭守敬查勘了河道上下游的地形，对旧桥基就有了一个估计。根据他的指点，居然一下子就挖出了这久被埋没的桥基。石桥修复后，当时元代著名文学家元好问还特意为此写过一篇碑文。

# 演示天象的仪器浑象

浑象也称"浑天象"或"浑天仪"，甚至称为"浑仪"，很容易与用于观测的浑仪互相混淆。浑象是古代根据浑天说用来演示天体在天球上视运动及测量黄赤道坐标差的仪器。

浑象最初是在西汉时由天大司农中丞耿寿昌创制的。到东汉张衡创制水运浑象，又对后世浑象的制造影响很大。

浑象是仿真天体运行的仪器，是天文学上很有用的发明。它把太阳、月亮、二十八宿等天体以及赤道和黄道都绘制在一个圆球面上，能使人不受时间限制，随时了解当时的天象。

通过浑象的演示，白天可以看到当时在天空中看不

到的星星和月亮，而且位置不差；阴天和夜晚也能看到太阳所在的位置。用它能表演太阳、月亮以及其他星象东升和西落的时刻、方位，还能形象地说明夏天白天长、冬天黑夜长的道理等。据西汉时期文学家扬雄所著《法言·重黎》中说的"耿中丞象之"，可知汉宣帝时大司农中丞耿寿昌制造了一个浑象，模拟浑天的运动情况。

浑象的球面绘有赤道，按照实际观测的结果，把天空的星体标在球面对应的位置上。后来张衡发明了第一架由水力推动齿轮运转的浑象，能自动演示星体的升起、落下，并配有漏壶作为定时器，叫"漏水转浑天仪"，即水运浑象。只要将张衡的水运浑象放在屋子里，就可以知道外面的天象，在白天也可以知道什么星到了南中天。

水运浑象在当时确是一项了不起的创造。这一贡献开创了后代制造自动旋转仪器的先声，导致了机械计时器——钟表的发明，对世界文明的发展影响深远。浑象的基本形状是一个大圆球，象征天球，大圆球上布满星辰，画有南北极、黄赤道、恒显圈、恒隐圈、二十八宿、银河等，另有转动轴以供旋转。还有象征地平的圈或框，有象征地体的块。

由于大圆球的转动带动星辰也转，在地平以上的部分就是可见到的天象了。

在耿寿昌和张衡之后，各种尺寸的浑象几乎各代都有制造，但有的是不能自动旋转的，有的则仿照张衡的做法，用漏水的动力使浑象随天球同步旋转。而这后一类自动浑象在唐和北宋时期得到了长足的发展，其中重要的是僧一行、梁令瓒和张思训、苏颂、韩公廉等人的创造性工作。

唐代僧一行和梁令瓒在公元723年制成了开元水运浑天俯视图，或开元水运浑天，首次将自动旋转的浑象同计时系统综合于一体，设两木人按辰和刻打钟击鼓。沿着这一想法，北宋天文学家张思训于公元979年做了一台大型的太平浑仪，名称"浑仪"，实际上是一个自动运转的浑象。

太平浑仪做成楼阁

状，有12个木人手持指示时间的时辰牌到时出来报时，同时有铃、钟、鼓三种音响。该仪以水银为动力，因其流动比水稳定，启动力量也大。后来，宋代天文学家、天文机械制造家苏颂和天文仪器制造家韩公廉又建成了约12米高的水运仪象台，将浑仪、浑象、计时系统综合于一身，达到了自动浑象制造的顶峰。浑象的研制到了元代有新的发展，郭守敬以他的创造性才能使浑象出现了新的面貌和用途。

在郭守敬为编制《授时历》和建设元大都天文台而创制的仪器中有一架浑象，半隐柜中，半出柜上，其制作类似前代。

郭守敬还制作了一件前所未有的玲珑仪。关于此仪，所留资料不多，致使研究者产生两种不同的看法，一种认为是假天仪式的浑象；另一种则认为是浑仪。持不同意见的双方主要都是依据郭守敬的下属杨桓所写的《玲珑仪铭》。

该铭文中有对这件仪器的形状和性质的描述：天文学家制成仪象，各有各的用途，而集多种用途于一身的只有玲珑仪，该仪表面沿经纬线均匀分布有10万多孔，按规律准确地与天球相符。

整个仪体虚空透亮里外可见。虽然星宿密布于天，

不计其数，但它们都有入宿度和去极度，只要利用该仪从里面窥看，即刻可以明白。古代贤者很多，但这种仪器一直未发明，直至元代，才首次做出来。

根据这一段描述可以清楚地感觉到，玲珑仪就是具有浑象之外形又有浑仪之用途的新式仪器。这也就是说，玲珑仪既不是假天仪，也不是浑仪。

元明时期以前的历代浑象均未能保存下来，现在北京古观象台和南京紫金山天文台的浑象是清代制造的。我国古代演示天象的仪器浑象与天球仪在基本结构上是完全一致的。陈列在北京古观象台上的清代铜制天球仪，铸造于公元1673年，直径两米，球上有恒星1000多颗，是以三垣二十八宿来划分的。

此仪采用透明塑胶制作，标志完全，内部为地球模型，便于理解天球的概念。利用它来表述天球的各种坐标、天体的视运动以及求解一些实用的天文问题。

## 延 伸 阅 读

古代人测量天体之间的距离，最基本的方法是三角视差法。比如测定恒星的距离其最基本的方法就是三角视差法。

测定恒星距离时，先测得地球轨道半长径在恒星处的张角，也叫周年视差，再经过简单的运算，即可求出恒星的距离。这是测定距离最直接的方法。

# 功能非凡的候风地动仪

候风地动仪是我国东汉时期天文学家张衡于公元132年制成。它使用精铜制成，外形像一个大型酒樽，里面有精巧的结构。如果发生较强的地震，它便可知道地震发生的时间和方向。

候风地动仪是世界上第一架测验地震的仪器，功能非凡。在我国科学史上，没有什么比候风地动仪更为引人注目。

候风地动仪是东汉时期天文学家张衡创制的，用于测知地震的时间和方位。

《后汉书·张衡传》详细记载了张衡的这一发明：候风地动仪用精铜制成，形如酒樽，内部结构精巧，主要为中间的都柱和它周围的八组形如蟾蜍的机械装置。都柱相当于一种倒立型的震摆。

在候风地动仪外面相应地设置八条口含小铜珠的龙，每个龙头下面都有一只蟾蜍张口

向上。如果发生较强的地震，都柱因受到震动而失去平衡，这样就会触动八道中的一道，使相应的龙口张开，小铜珠当即落入蟾蜍口中，由此便可知道地震发生的时间和方向。从《后汉书·张衡传》的记载来看，候风地动仪应为一件仪器，而不是两件。张衡通过自己巧妙的设计，使地震时仪体与"都柱"之间产生相对运动，利用这一运动触发仪内机关，从而将地震报出。

张衡的地动仪不仅在古代具有重要影响，也使现代研究者产生了极大兴趣，很多人就其对地震的反应机制和内部结构提出不同的设想。从现代地震学知识来看，地震过程复杂多变，前震后震强弱不同，方向也相异，要寻找震源只可能从多个台站的记录依时间差推算，这在古代是不可能的。

但是张衡的地动仪在设计中的确考虑了方向因素，"寻其方面，乃知震之所在"，就反映了这一点。这也并非完全不可能。

如果候风地动仪做到了感知一二级的微震，它应对远处震中传来的初波也就是P波敏感。初波的地面移动方向与震源方向一致，是纵向波，所以龙吐丸的方位应能显示一定量的方向信息。

当然，这并非绝对，因为地动仪的灵敏度也会有一定限制。

当地震的前锋纵波不够强时，地动仪可能会对之无动于衷，但后继横波却有可能把铜丸震落，这样落丸方向与震源就没什么关系了。由此，张衡的地动仪对于烈度为三级的弱震，是可以测报出来的。张衡地动仪的工作原理是以古代"候气"的理论，即"葭灰占律"的方式，所以称为"候风地动仪"。

在选定的位置深埋入地一根大柱，像远古人建房时的草房的中心柱，这个柱子用来感应来自地层的地震波。为了避免地面环境对"都柱"的影响，在适当的深度把柱周围掏空，或者先掘土井，然后将大柱埋入压实，距离地面相当距离使柱体与井壁分离，避免来自地面影响对"都柱"的干扰。

柱顶收缩为一个有凹面或空心管的顶端。在顶端凹面或空心管上置一铜球，铜球直径和顶端凹面或空心管直径可以根据灵敏度需要制订，这就克服了"倒立柱"制作中摩擦系数的难题。

都柱顶端放置铜球，犹如旗杆顶端的装饰圆球。在"都柱"开始收缩的地方，按东、南、西、北、东南、西北、西南、东北八个方向伸出八条轨道。当埋入地下的都柱感受到地震波在地层中传播时，会使都柱产生相应的位移。

都柱受力位移，位于都柱顶端的铜球中心偏离重心，向力量来源相反方向脱落，都柱四旁八条伸向不同方向的轨道

承接并导引向相应方位，触动龙口机关，龙口所含铜珠吐出，从而判定地震来源方向。

综上所述，张衡创制的候风地动仪，是我国古代侦测地震的仪器，也是世界最早的地震仪，它并不能预测地震，其作用只是遥测地震时间和方向。

候风地动仪在当代研究者中产生广泛影响，有许多人根据自己体悟的方法，各自复制不同的地动仪。

延 伸 阅 读

张衡一生做了很多的事情，但最有名的发明就是"候风地动仪"了。

公元138年2月的一天，地动仪正对着西方的龙嘴突然张开来，吐出了铜球，这是报告西部发生了地震。过了没几天，有人骑着快马来向朝廷报告，离洛阳500多千米的金城、陇西一带发生了大地震，连山都崩塌下来了。